低空无人机应用丛书

廖小罕 总主编

生态环境无人机遥感监测方法与案例

孙志刚 陈鹏飞 等 著

科学出版社

北 京

内 容 简 介

当前无人机遥感技术在生态环境与农业、林业等领域中得以快速应用，中国在无人机遥感硬件、算法及应用实践领域处于国际领先水平，本书总结该领域已有成果，系统梳理应用于生态环境遥感监测的无人机与传感器及其基本原理与方法，并介绍典型生态系统的无人机遥感监测应用实践，力求推进无人机遥感技术深度应用。

本书适用于生态、环境、灾害、农业、林业、牧业等学科领域的学生、教师和专业技术人员阅读参考。

审图号：GS京（2024）0409号

图书在版编目（CIP）数据

生态环境无人机遥感监测方法与案例/孙志刚等著.—北京：科学出版社，2024.5

（低空无人机应用丛书/廖小罕总主编）

ISBN 978-7-03-078418-6

Ⅰ. ①生… Ⅱ. ①孙… Ⅲ. ①生态环境–无人驾驶飞机–航空遥感–监测 Ⅳ. ①X32 ②TP72

中国国家版本馆 CIP 数据核字（2024）第 080681 号

责任编辑：董 墨 赵 晶 / 责任校对：郝甜甜
责任印制：徐晓晨 / 封面设计：无极书装

科 学 出 版 社 出版
北京东黄城根北街 16 号
邮政编码：100717
http://www.sciencep.com

北京九州迅驰传媒文化有限公司印刷
科学出版社发行 各地新华书店经销
*
2024 年 5 月第 一 版 开本：720×1000 1/16
2025 年 1 月第二次印刷 印张：13 1/2
字数：263 000
定价：148.00 元
（如有印装质量问题，我社负责调换）

丛 书 序

　　无人机是高新技术领域快速发展的典型代表，具有技术含金量高、多学科融合度密集、技术更新换代迅速和应用普及度高等特点。近年来，我国无人机行业应用突飞猛进，无人机生产和销售数量均排在国际前列，尤其是轻小无人机在低空的应用处于世界领先地位，推动了低空经济的崛起。在2024年初召开的中央经济工作会议上，低空经济首次被视为战略性新兴产业，相关媒体报道非常活跃，全国范围内正掀起一轮低空经济发展的新高潮。2024年是将无人机产业和低空经济作为国家未来经济发展引擎的重要时期。

　　在这一背景下，未来低空无人机深度和广泛应用是必然趋势。得益于国家的"十三五"重点研发计划项目（"高频次迅捷无人航空器区域组网遥感观测技术"，2017YFB0503000）和"十四五"重点研发计划项目（"复杂环境无人机全时全域组网观测技术与综合验证"，2023YFB3905700）支持，"低空无人机应用丛书"得以集结出版。丛书分析无人机低空应用技术集成创新、典型应用场景与产业链各环节，论述低空时代无人机技术的核心竞争力和创新方向，试图构筑低空经济发展新蓝图。

　　本丛书以无人机遥感技术集成开发与应用为切入点，探索无人机"遥感＋"应用，包括同步定位和绘图（SLAM）、视觉定位、增强现实（AR）导航、低空天路、组网协同等，实现传统遥感数据的落地深化与拓展应用；探索"天路＋"新技术应用和发展，为有序促进优化低空空域资源利用、维护安全和谐低空，促进低空地理学和低空经济体系建设，以及完善和发展国家综合交通体系作出贡献，进而对我国民用无人机的应用发展，以及民航无人机运行管理体制机制的建设提供实践经验。

　　本丛书是国内外首套系统总结低空无人机应用的专业论丛，紧跟国家"低空经济"发展战略，以服务国家经济建设，促进科技进步和满足读者需要为目标，从高技术发展催生当代无人机发展以及社会进步对无人机遥感行业需求持续增长的视角出发，从理论研究、方法分析、技术探索以及应用实践等方面全面阐述低空无人机应用的研究现状、进展和发展趋势。丛书内容涉及航空、交通、地理、遥感、GIS、生态、环境、水文等学科方向，探究低空地理学、低空地理信息等新学科理论，拓宽地理学研究领域。

中国科学院无人机应用与管控研究中心和中国民航局民航低空地理信息与航路重点实验室的核心科研队伍在"十三五"国家重点研发计划和中国科学院重点部署项目研究成果的基础上深化总结，结合"十四五"科技部重点研发项目的重要技术基础，凝炼出"低空无人机应用丛书"，我作为项目首席科学家和丛书主编、项目核心任务负责人担任编委、课题负责人及核心骨干共同撰写各分册。编写团队由来自中国科学院、高校、民航系统、无人机制造和遥感应用企业的科研骨干、业务管理骨干和生产第一线人员构成。丛书通过无人机将科研院所与高校、行业管理部门、应用及通信等高新技术企业等无人机多产业部门紧密联系起来，为低空时代无人机产业发展提供了多方位技术支持和解决方案。

期待丛书的出版及观点和信息的交流传播能够为我国低空无人机应用技术发展提供有益的参考，特别是在低空经济发展中发挥更大的作用。

最后，谨以此序，对所有为本丛书编撰作出贡献的专家学者表示衷心的感谢，也希望"低空无人机应用丛书"能够成为我国无人机和低空领域的重要学术著作，为中国无人机产业的腾飞和低空地理学科的蓬勃发展贡献力量。

廖小罕

2024 年 3 月

前　言

生态环境问题关乎人类生存与可持续发展。及时、准确监测生态环境变化是制定与实施精准管理策略的前提条件。近年来，无人机及传感器快速发展，促进了无人机遥感技术的应用。凭借机动、灵活、成本低、受天气影响小、高时空分辨率的特点，无人机遥感已逐渐成为生态环境监测的重要手段之一。生态环境遥感监测涉及的要素众多且变化快，不但涵盖各类型生态系统的多种属性信息，而且监测对象的背景和光谱特征复杂。因此，基于无人机遥感实现生态环境的监测，需要从具体监测对象出发来搭配合适的无人机与传感器类型，高效地获取影像信息，并开发具有代表性的遥感分析诊断方法，实现对目标地物信息的准确估测与生态环境监测应用。

随着无人机遥感技术与应用的迅速发展，生态环境无人机遥感监测理论与方法不断充实与更新，该领域新技术、新方法、新案例亟须进行系统总结。因此，本书聚焦无人机遥感生态环境监测，系统总结生态环境监测应用场景中常用的无人机、传感器，并结合各领域典型案例介绍生态环境监测流程与算法。

全书共 13 章。第 1 章，生态环境遥感监测无人机平台。无人机遥感顾名思义是基于无人机为平台的遥感技术。不同无人机遥感平台具有不同优缺点。本章分别介绍了目前常见的固定翼无人机、旋翼无人机、垂直起降固定翼无人机等无人机机机型及其特点。

第 2 章，生态环境遥感监测传感器。传感器是无人机遥感的核心组件，其记录着来自目标地物的信息。不同类型传感器，其记录信息的谱段不同，适合于监测不同生态环境要素。本章详细介绍了可见光数码相机、多光谱相机、高光谱成像仪、红外热像仪、激光雷达和合成孔径雷达等常见无人机遥感传感器及其特点与适用范围。

第 3 章，洪水无人机遥感监测及灾后评估。洪涝灾害是我国常见的自然灾害之一，无人机遥感技术对及时发现灾情、布置抢险救灾、灾后评估与规划建设具有重要意义。本章介绍了基于组网无人机遥感技术的洪灾态势监测、灾后灾情评估的技术流程与实施效果。

第4章，河湖富营养化无人机遥感监测。水体富营养化是识别水体污染的重要指标。本章详细介绍了基于无人机遥感的水体叶绿素 a（Chl-a）浓度反演与水体富营养化分级评估的方法、流程与实施效果。

第5章，盐碱地土地质量无人机遥感监测。盐碱地分布广、面积大、类型多，及时掌握盐碱地的质量状况，对于合理规划农业种植结构具有重要意义。本章以黄河三角洲盐碱地为例，介绍了耦合无人机、卫星遥感影像开展盐碱地质量监测的方法与实施效果。

第6章，作物长势无人机遥感监测。及时掌握作物长势状况，根据作物的需求来进行精准管理，对于节约成本、增加农民收益、保护环境具有重要意义。生物量是作物重要的长势参数，本章以小麦生物量反演为例，介绍了基于无人机多光谱影像、激光雷达数据等开展生物量反演的方法与实施效果。

第7章，作物倒伏无人机遥感监测。作物生育中后期发生倒伏，将会显著降低作物产量和品质，及时监测作物倒伏情况对灾后减损与评估具有重要意义。本章以小麦倒伏监测为例，介绍了耦合无人机遥感与深度学习技术的小麦倒伏监测方法与实施效果。

第8章，冬小麦麦苗密度无人机遥感监测。合理的种植密度有利于小麦形成高产量和高品质，及时掌握麦苗密度对后期管理具有重要意义。本章介绍了基于无人机遥感与深度学习技术耦合的小麦种植密度监测方法与实施效果。

第9章，森林冠层覆盖度制图。森林冠层覆盖度的定义为冠层垂直投影所占的地面比例，是森林清查的重要内容。高分辨率的无人机立体像对影像为森林冠层覆盖度调查提供了可靠的数据源。本章以大兴安岭林区为例，介绍了基于无人机遥感立体像对的林区冠层覆盖度自动监测方法与实施效果。

第10章，森林松材线虫病无人机遥感监测与管理。松材线虫病发病快、破坏力强，是造成我国森林资源损失最为严重的森林病虫害。传统卫星遥感监测在观测频次、分辨率等方面难以满足松材线虫病监测的需求。本章以山东省烟台市东北部林区为例，介绍了基于无人机遥感的森林松材线虫病监测方法与实施效果。

第11章，野生动物无人机遥感调查。野生动物调查是保护野生动物和生态环境管理中的关键一环，基于无人机遥感的野生动物调查是一种安全、便捷且经济的手段。本章以玛多县野生动物调查为例，介绍了耦合无人机遥感与深度学习技术的藏野驴调查的方法与实施效果。

第12章，高原草地放牧强度监测与定量评估。畜牧业对于高原牧区社会经济可持续发展至关重要。适度放牧不仅有助于提高草地生产力，还能帮助牧民增收稳收。本章以若尔盖县向东村草原牧场放牧强度监测为例，介绍了基于无人机遥感的草地放牧强度监测方法与实施效果。

第 13 章，未来发展展望。本章对本书进行了系统总结，提出了生态环境监测中平台与载荷、应用场景与监测方法中存在的问题，并展望了未来可能的发展方向。

本书各分工：第 1 章由周科、陈鹏飞撰写；第 2 章由陈鹏飞、赵佳夫撰写；第 3 章由黄诗峰、孙亚勇、李楠、胡梦成撰写；第 4 章由杨斌、张军强撰写；第 5、第 6 章由朱婉雪、孙志刚撰写；第 7 章由张东彦、陈鹏飞、丁洋撰写；第 8 章由彭金榜、孙志刚撰写；第 9 章由俞天宇、倪文俭撰写；第 10 章由杨斌、张军强撰写；第 11 章由彭金榜、王东亮、孙志刚撰写；第 12 章由雷光斌、张正健、边金虎、李爱农、廖小罕撰写；第 13 章由孙志刚、陈鹏飞、王柳月撰写。全书由孙志刚、陈鹏飞完成逻辑框架设计、统稿、定稿。书稿撰写过程中，廖小罕在本书内容与结构设计，王柳月等在文献整理、插图绘制、文本修订等方面提供了大量的帮助，特此致谢。

本书主要是作者们多年在该领域科研工作的积累，同时也参阅大量国内外学者的文献资料，特此感谢，如有疏漏之处，敬以歉意。书中涉及的相关研究与书籍出版得到了国家重点实验室自主创新项目（KPI009）、国家自然科学基金创新研究群体科学基金（72221002）、国家重点研发项目（2022YFB3903403）等的支持。

本书力图集科学性、系统性、基础性、前沿性、实用性于一体，涉及面广、内容跨度大，具有广泛的适用性，可供从事生态环境与相关领域无人机遥感监测研究与应用的学生、教师和专业技术人员等阅读参考。

由于作者水平有限，书中难免存在不足之处，恳请广大读者批评指正。

著　者

2023 年 6 月

目　　录

第 1 章

生态环境遥感监测无人机平台

随着社会发展脚步不断加快，城市建设与工业发展极大地丰富了人类的物质生活和精神生活。但是，持续开采自然资源对我们赖以生存的生态环境造成了巨大的影响（李俊峰，2020）。良好的生态环境是人类社会可持续发展的前提，因此保护生态环境越来越重要。生态环境监测是生态环境保护的基础，是生态文明建设的重要支撑。生态环境监测的目的是通过对保护区域生态环境的整体状况进行监测、分析、评估，来使得生态环境保护工作能够因地制宜的开展，进而正确地协调人与生态环境之间的关系（关跃，2022）。

遥感技术，顾名思义是遥远感知的意思。它是一种不直接接触物体而取得其信息的探测技术。它利用遥感平台上搭载的传感器，获取地球表层物体反射或发射的电磁波信息，通过对信息的处理和分析，定性、定量地研究地球表层物体的属性及演化过程（赵英时，2013）。遥感技术可以远程周期性收集数据，提高监测效率，同时使人们能够获得难以到达地区的信息。将遥感应用于生态环境监测，可以提高监测效率与精度，快速掌握生态环境状况，为生态环境精准治理提供支撑。当前，我国社会经济迅速发展，人口不断增加，资源消耗量大，生态环境承受巨大的压力。遥感技术是实施生态环境监测的有效方法，可以为生态环境治理提供决策支持。

按传感器的搭载平台不同，遥感技术可以分为航天遥感、地面遥感与航空遥感。航天遥感是在地球大气层以外的宇宙空间，以人造卫星、航天飞机等航天器为平台的遥感技术。它具有观测面积大、可周期性获取地球表层数据、不受国界和地理条件限制等优势，但是由于距离地面较远，绕地球周期性运行的限制，其也具有时间、空间分辨率低的缺陷。地面遥感是以高塔、车、船等为平台的遥感技术。它的优点是观测数据受大气层影响小、观测精度高，缺点是观测范围有限、无法实现短期大面积信息采集。航空遥感是以各种飞机、飞艇、气球等为平台的遥感技术。其中，有人机遥感长久以来在航空遥感观测中占有重要的地位。它具有地面分辨率高、适合大面积地形测绘等优点，但也具有作业成本昂贵等缺点。随着当代高技术的迅猛发展，以及导航通信系统等基础设施的建立，无人机发展迅速，已成为一种新兴的航空遥感平台，逐渐被广泛地应用于各个领域。无人机遥感是利用先进的无人驾驶飞行器技术、遥感传感器技术、遥测遥控技术、通信技术、全球定位系统（global positioning system，GPS）差分定位技术和遥感应用技术，完成遥感数据处理、建模和应用分析能力的应用技术，其可以自动化、智能化、专题化快速获取国土、资源、环境等的空间遥感信息（李德仁和李明，2014）。无人机遥感通过集成小型高性能的传感器和其他辅助设备，可形成机动灵活、全天候作业、低成本的遥感数据获取和处理系统（晏磊等，2019）。

在生态环境监测中，无人机遥感可以实时获取高分辨率的遥感影像数据，既能克服有人航空遥感受制于机动性差、作业成本昂贵、不易在危险环境观测等的影响，又能弥补卫星因天气和时间无法获取感兴趣区域遥感信息的空缺，而提供多角度、高分辨率影像，还能避免地面遥感工作范围小、视野窄、工作量大等。另外，随着计算机、通信技术的迅速发展以及各种重量轻、体积小、探测精度高的数字化新型传感器的不断面世，无人机的性能不断提高，使无人机遥感具有结构简单、成本低、风险小、实时性强、起飞降落的场地要求较低等独特优点，正逐步成为卫星遥感、有人机遥感和地面遥感的有效补充手段，给遥感应用注入了新鲜血液（李德仁和李明，2014）。

根据不同的分类原则，无人机平台有不同的分类方法，常见的是按飞行平台的构型可以分为固定翼无人机平台、旋翼无人机平台和垂直起降固定翼无人机平台。本章主要介绍固定翼无人机平台、旋翼无人机平台以及垂直起降固定翼无人机平台的主要类型及特点。

1.1　固定翼无人机平台

固定翼无人机是指机翼固定于机身且不会相对机身运动，利用动力装置（燃油发动机、电机等）产生推力或者拉力，靠空气对机翼的作用而产生升力的无人机，所以其必须要有一定的相对于地面的速度才会有升力来支撑飞行。一般固定翼无人机由机身、机翼、尾翼、起落架和发动机组成。其可以通过滑跑、手掷起飞、弹射起飞或空中发射的方式进入空中，降落可以通过伞降、空中回收或滑跑着陆等方式重新回到地面。固定翼无人机飞行高度高，可以携带较重的有效载荷并且拥有较长的续航时间，适用于大区域监测，但是机动性较差，无法执行悬停任务（Huang et al.，2022）。另外，由于飞行速度较快，所以固定翼无人机对相机的快门速度要求较高（Sankaran et al.，2015）。固定翼无人机按照各个翼面（辅助翼面）与主机翼的相对位置关系，通常可以分为常规布局、鸭式布局、无尾式布局与飞翼布局等形式（高丽丽，2017）。

1. 常规布局

常规布局是指水平尾翼位于机翼之后的气动布局方式。常规布局是目前最为成熟的固定翼无人机气动布局，其在航空理论领域有着最为完整的知识体系。从结构上来看，按照机翼尾梁数目还可以将常规布局分为单尾梁布局和双尾梁布局（高丽丽，2017）。

单尾梁布局的无人机尾部支撑只有一个尾架，结构特点是上单翼、短舱式机身、单尾梁布局。一般来讲，小型手掷式无人机通常采用这种布局（高丽丽，2017），如美国洛克希德马丁公司生产的沙漠鹰无人机、美国航空环境公司生产的 RQ-11大乌鸦无人机等（图 1.1）。

RQ-11大乌鸦无人机

图 1.1　单尾梁布局的无人机

双尾梁布局的无人机尾部有两个尾架，结构特点是上单翼、吊舱式机身、双尾梁布局。双尾梁布局的结构有如下优点：①与单尾梁布局相比，其具有更高的结构效率（邓扬晨等，2005）。②拥有更多的空间以及更好的载重能力可以携带多种载荷；Hasan 等（2018）对低空货运无人机设计的研究表明，在相同的设计条件而且翼展相同的情况下，双尾梁布局的无人机的机翼面积、最大起飞总重与所需的燃油量比单尾梁布局的无人机要小。③与单尾梁布局对比，双尾梁布局机身的长细比较小，且形成结构上的闭环系统，在气动和操稳特性上也呈现出一定的优势（邓扬晨等，2005）。这种布局方式适合长几米或者几十米的中小型无人机，如以色列航空工业公司马拉特子公司研制的苍鹭无人机（图 1.2）、以色列塔迪兰公司生产的猛犬无人机等。

苍鹭无人机

图 1.2 双尾梁布局的无人机

2. 鸭式布局

鸭式布局因其形状像鸭子而得名。与常规布局相比，鸭式布局将水平尾翼布置在主翼之前的机头两侧（称为前翼或鸭翼）。前翼兼具操纵面与气动增升部件双重功能（马宝峰等，2003）。水平尾翼置于主翼之后会产生负升力，从而降低无人机的总升力，而鸭式布局的设置使得无人机在飞行时前翼产生正升力而使总升力增加，无人机整体的升力效率得到提升，有利于缩短起飞和着陆的距离（Anderson and Feistelt，1985）。通常，采用鸭式布局的无人机会在鸭翼与机翼之间产生复杂的耦合气动流场，这种流场结构可以使得无人机在大迎角下依旧保持较高的升阻比（李中华等，2016）。不过鸭式布局中前翼产生的漩涡对机翼的影响不容易控制，会影响无人机飞行过程中的稳定性，因此需要严苛的飞控系统来支持。根据前翼与机翼之间的距离大小，可以将鸭式布局分为远距耦合鸭式布局与近距耦合鸭式布局。

远距耦合鸭式布局（又称控制鸭翼）是指鸭翼纵向位置距离主翼较远的布局

方式。在远距耦合鸭式布局下，鸭翼与机翼之间会产生较弱的耦合气动流场，此时鸭翼的设计主要考虑全机操纵性与升阻比两个方面。远距耦合鸭式布局有如下特点：①在亚音速飞行时，对于沿飞行方向不稳定布局的无人机，升力作用在重心之前，使无人机产生抬头力矩，通过机翼后缘操纵面的向上偏转，形成有利机翼弯度，从而减小配平阻力，提高飞机的机动性能。②由于鸭翼与主翼间距离较远，所以鸭式布局的纵向操作反应灵敏，提高了无人机的敏捷性。但是无人机长度较长可能产生重量方面的问题（杨国才，2010）。这种布局方式已在多款类型无人机设计上应用，如伊朗飞机制造工业公司（HESA）生产的燕子无人机、中国航天科技集团有限公司自主研发的彩虹三号无人机等（图 1.3）。

彩虹三号无人机

图 1.3　鸭式布局的无人机

近距耦合鸭式布局（又称气动鸭翼）是指鸭翼距离机翼较近的鸭式布局方式。近距耦合鸭式布局中鸭翼流场会对主翼流场产生较大的干扰耦合（马宝峰等，2003）。近距耦合鸭式布局的优点如下：①可延迟机翼失速，获得较大的迎角升力，提供过失速飞行状态时的稳定度。②和气动弹性剪裁的后掠翼联用，有助于机翼产生接近椭圆的展向压力分布，从而减小飞行阻力。③可减小起飞、着陆距离，增加机动能力，减小飞机总体尺寸，降低成本。其缺点是干扰耦合的合理利用需要严苛的飞控系统支持。目前，近距耦合鸭式布局大多应用于战斗机上，在无人机上的应用较少。

3. 无尾式布局与飞翼布局

无尾式布局取消了水平尾翼，并且将主翼的位置后移至无人机尾部。由于取消了水平尾翼，采用无尾式布局的无人机外形会更平滑，减少了飞行过程中所受到的空气阻力。这种气动布局使得无人机在高速状态下的性能优越、气动效率高。其缺点是没有了水平尾翼，无人机低速状态下性能较差，操纵性与稳定性也较差，所以该布局对控制系统的要求较高（闫山山，2015）。目前，具有代表性的无尾式布局的无人机有以色列航空工业公司研制的哈比无人机（图 1.4）、伊朗飞机制造工业公司自主研制的沙希德无人机等。

哈比无人机

图 1.4　无尾式布局的无人机

飞翼布局又称全翼布局、翼身融合布局，其由无尾式布局发展而来，同时取消水平与垂直尾翼，由机翼与机身融合形成一个完整的升力面。其没有水平与垂直尾翼的设计，进一步降低了飞行过程中的空气阻力，使气动效率进一步提高（闫山山，2015）。采用翼身融合布局的无人机升阻比大、整体质量小，所以有较长的续航时间。其缺点与无尾式布局相同，由于缺少尾翼，所以在低速状态下的操纵性与稳定性也较差。目前，具有代表性的飞翼布局的无人机有中国的彩虹-7 无人机、攻击-11 无人机等。

1.2　旋翼无人机平台

旋翼无人机由旋翼轴连接电机与旋翼，通过旋翼转动产生升力而进行飞行（何勇和张艳超，2014）。由于无人机的旋翼直接与电机相连，所以在飞行过程中通过控制各个旋翼电机的转速就可以实现对无人机姿态的控制。旋翼无人机机械结构较为简单，可折叠、可垂直起降、可悬停，对场地条件要求比较低。另外，由于旋翼无人机没有活动部件，它的可靠性大部分取决于电机的可靠性，所以具有操纵简单、可靠性高的特点。但是由于旋翼机型的螺旋桨旋转产生的升力必须大于其自身重力，因而其能耗很高且该类机型大多采用锂电池，所以续航能力较差（高洪波等，2019）；同时，由于结构所限，其载重能力较差。目前，通常根据旋翼的数量将其又分为单旋翼无人机、双旋翼无人机、三旋翼无人机、四旋翼无人机、六旋翼无人机以及八旋翼无人机等机型。

1. 单旋翼无人机

单旋翼无人机的旋翼系统为一副旋翼和一副尾桨，旋翼既产生升力又产生推进力，可以使无人机垂直飞行、前飞、后飞和侧飞。相对于多旋翼无人机，单旋翼无人机具有更长的续航时间。目前，具有代表性的单旋翼无人机包括美国波音公司生产的 A160 "蜂鸟" 无人机、瑞典萨博公司生产的 Skeldar V-200 无人机等（图 1.5）。

Skeldar V-200无人机

图 1.5 单旋翼无人机

2. 双旋翼无人机

双旋翼无人机是用两副旋翼产生升力的无人机。两副旋翼尺寸相同而旋转方向相反，其反扭矩互相平衡，而不需要安装尾桨。根据两副旋翼位置的不同，其又可分为共轴双旋翼无人机、纵列式双旋翼无人机、横列式双旋翼无人机和横列交叉式双旋翼无人机。其中，共轴双旋翼无人机有加拿大航空公司研制的 CL-227 "哨兵" 无人机；纵列式双旋翼无人机有中国河南三和航空工业有限公司研制的 S100 "小旋风" 无人机；横列式双旋翼无人机有中国北京零零无限科技有限公司发布的"猎鹰"无人机（图 1.6）；横列交叉式双旋翼无人机有清华大学研发的 JZ-300 无人机等。

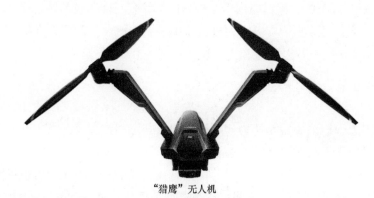

"猎鹰"无人机

图 1.6　双旋翼无人机

3. 三旋翼无人机

三旋翼无人机的三个机臂互呈 120°，机头的两个主旋翼的转向相反，刚好抵消掉旋翼旋转所产生的反扭矩，尾部的旋翼会有一定程度的倾斜来避免旋翼旋转产生的反作用力。通常来讲，与其他更多旋翼设计的无人机相比，三旋翼无人机具有较高的载重比，但是由于三旋翼的设计比较复杂，控制难度较高。目前，这种结构很少应用于无人机，典型的代表是中国小蚁科技生产的小蚁无人机（图 1.7）。

Yl Erida 小蚁无人机

图 1.7　三旋翼无人机

4. 四旋翼无人机

四旋翼无人机的四个旋翼呈"十"形、"X"形或环形分布。采用"十"形或者"X"形分布的无人机机动性更强；因"X"形分布不易遮挡前视相机的视场角而使用较多。使用环形布局可增大无人机的刚性与机架结构的强度，但是灵活性较低。不过四旋翼无人机效率不高，飞行姿态较少。四旋翼无人机相邻的两个旋翼旋转方向相反，通过正反桨结构可以抵消反扭力矩，从而达到平衡，其主要是通过改变四个电机的转速来实现对无人机的控制（王军杰，2019）。四旋翼无人机是目前比较常见的一种无人机构型方式。适中的稳定性与较快的飞行速度使得其非常适合无人机航拍活动。目前，具有代表性的四旋翼无人机包括中国大疆创新科技有限公司的经纬 M300 无人机（图 1.8）、美国 3DR 公司的3DR Solo 无人机等。

经纬M300无人机

图 1.8　四旋翼无人机

5. 六旋翼无人机

六旋翼无人机由六个旋翼组成，其有两种气动布局方案：单层布局与共轴双层布局。在单层布局中，由四个旋翼组成一个稳定的系统，另外两个旋翼可以有多种气动布置方案。这种布局的无人机由于冗余旋翼的存在，稳定性能与抗风性能等均优于同等配置的四旋翼无人机。目前，常见的机型包括中国大疆创新科技有限公司的筋斗云 S800 无人机、华测科技有限公司的 P580 无人机等（图 1.9）。

共轴双层布局的六个旋翼像三旋翼那样均匀分布，分别位于三个夹角为120°的旋翼轴上，且上下旋翼必须为反向转动来消除扭矩。这种布局的好处是有良好的悬停性能、机动灵活且飞行过程中产生的噪声小，但缺点是在相同旋翼轴上的两个旋翼会产生复杂的气动干扰，影响气动效率。总体来讲，相较于四旋翼无人机，增加的旋翼并没有使重量有明显变化，但却较大地改善了动力情况；在飞行过程中如果少于两个电机出现不工作的情况，无人机仍然有保持

(a)筋斗云S800无人机

(b)P580无人机

图1.9 单层布局六旋翼无人机

自身状态稳定的条件（甄宗坤等，2015）。目前，常见的机型包括深圳市创想教育科技有限公司的 CX-650Y6 异形无人机、加拿大 Draganfly 公司生产的 Draganflyer X6 无人机等。

6. 八旋翼无人机

八旋翼无人机同样有两种气动布局方案：单层布局与共轴双层布局。在单层布局中，八个旋翼在一层分布组成一个稳定的系统；共轴双层布局中，八个旋翼像四旋翼那样均匀分布，且上下旋翼反向转动来消除扭矩（Chen et al.，2011）。目前，常见的单层布局的机型包括中国大疆创新科技有限公司的筋斗云 S1000 无人机、科力达幻影 HEK1300 无人机等（图1.10）；共轴双层布局的机型包括中国大疆创新科技有限公司的 T40 无人机等（图1.11）。

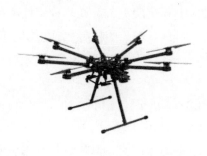

(a)筋斗云S1000无人机

(b)HEK 1300无人机

图1.10 单层布局八旋翼无人机

T40无人机

图 1.11　共轴双层布局八旋翼无人机

1.3　垂直起降固定翼无人机平台

固定翼无人机具有巡航速度快、飞行高度高、作业面积广、载重量大、抗风性能好、续航时间长的优点，但是这种类型的无人机起飞与降落都对场地具有一定的要求，因而无法适用于起降场地复杂的地域，另外无法在慢速状态下或小区域内工作；相反，多旋翼无人机对起降场地的要求较低，并且可以在空中悬停作业，但是它存在飞行速度慢、续航差的缺陷（Saeed et al.，2018）。垂直起降固定翼无人机采用旋翼起飞和降落，采用固定翼在空中作业，综合了两者的优点，对跑道无依赖并且可以定点悬停（于进勇和王超，2017）。这种类型的无人机可以完成以往绝大多数固定翼无人机和旋翼无人机的飞行任务而且更加便捷高效。垂直起降固定翼无人机按其机械构型可分为复合式垂直起降固定翼无人机、倾转式垂直起降固定翼无人机和尾座式垂直起降固定翼无人机三类。

1. 复合式垂直起降固定翼无人机

复合式垂直起降固定翼无人机是在旋翼机的基础上加装机翼和水平推进/拉进装置，以兼获垂直/水平飞行能力，是目前应用最为广泛的垂直起降固定翼无人机。该机型在垂直飞行时，升力由旋翼提供；在水平飞行时，升力由机翼提供，由一副推进式螺旋桨产生推力。该机型具有较好的水平飞行性能，但是由于采用了两套动力装置，在进行垂直或者平飞时，其中一套推进及其控制装置将成为负担，消耗额外的动力，降低巡航时间。目前，其典型代表有美国龙勇士（Dragon Warrior）无人机、中国成都纵横 CW 系列无人机等（图 1.12）。

成都纵横CW-007无人机

图 1.12　复合式垂直起降固定翼无人机

2. 倾转式垂直起降固定翼无人机

倾转式垂直起降固定翼无人机以旋翼方式起飞后，通过旋翼倾转，转换成用于平飞提供推力的螺旋桨，由机翼提供升力，实现高速巡航。倾转机构实现了旋翼和螺旋桨的合二为一，减小了飞机总重，有效增加了载荷能力和航程。目前，其典型代表有美国贝尔公司的 V-247 "警惕" 无人机（图 1.13）、以色列航空工业公司的 "黑豹" 无人机等。

V-247"警惕"无人机

图 1.13　倾转式垂直起降固定翼无人机

3. 尾座式垂直起降固定翼无人机

尾座式垂直起降固定翼无人机构型简单，在固定翼无人机的基础上，加装尾部起落支架、更换更大推力发动机以及增大控制舵面等改造而来。尾座式垂直起降固定翼无人机起飞时机头朝上，机身由支架支撑，由发动机产生推力垂直起飞，到达一定的高度和速度时拉低机头转换到巡航飞行状态。降落过程与起飞过程相反（刘玉焘，2014）。这种类型的无人机可以被分为三种子类型：单推力转换式、多推力转换式与差分推力转换式。

单推力转换式无人机在所有的飞行阶段均使用装置在机头或者机尾的一个旋翼来产生推力。在起飞、降落或者悬停阶段，旋翼在垂直方向产生推力；当处于垂直到水平状态过渡阶段时，无人机通过旋翼转盘的偏转来实现；在巡航飞行阶段，机翼产生升力，旋翼产生向前的推力。单推力转换式无人机不需要像其他类型的垂直起降无人机一样的控制面系统或者倾转机制，但是实际上这种类型无人机的状态过渡实现较为复杂。另外，主旋翼的设计需要考虑要在飞行的所有阶段提供必要的推力。这种无人机通常采用大翼展、小弦长的机翼，以保证飞机在悬停飞行时不易受到侧风的影响（Rehan et al.，2022）。目前，其典型代表有美国 Aerovel 公司的 Flexrotor 无人机、美国航空环境公司设计的 SkyTote 无人机等（图 1.14）。

(a)Flexrotor无人机　　　　　　　　　　(b)SkyTote无人机

图 1.14　单推力转换式无人机

多推力转换式无人机利用多旋翼为无人机提供推力，垂直状态到水平状态的过渡主要通过旋翼结合升降副翼或襟副翼等控制面的偏转来完成。多推力转换式无人机的能量利用效率高。与单推力转换式无人机相比，多旋翼的使用为无人机提供了更高的驱动和控制自由度。但是这类无人机在悬停时难以实现姿态和高度控制，因此需要高精度的动态控制系统。目前，该类无人机发展正处于早期阶段。其典型代表有悉尼大学研制的 T-Wing 无人机（图 1.15）、中国航空工业集团有限公司成都飞机设计研究所开发研制的 VD200 无人机等。

差分推力转换式无人机由四个旋翼构成，可以组成"X"形或者"十"形布局，在无人机所有的飞行状态下提供动力，它们的悬停控制类似于四旋翼无人机。目前，三角翼、前掠翼与后掠翼采用该种设计。由于旋翼安装在机翼平面的上下两侧，所以在飞行状态的过渡阶段，可以通过这些旋翼产生的差推力来实现俯仰

T-Wing无人机

图 1.15　多推力转换式无人机

上升或下降的角度变化。与另外两种尾座式垂直起降无人机相比，差分推力转换式无人机可以在巡航状态下表现出较高的推力/重量比，因此具有更高的载荷承载能力。该类无人机设计简单易于制造，在悬停与巡航时均具有较好的稳定性与可控性。不过该类无人机在遭受强侧风的情况下不易控制，并且需要较大的差推力来实现飞行状态的过渡。目前，其典型代表有比利时鲁汶大学设计的 VertiKUL 无人机、美国的 X PlusOne 无人机等。

参 考 文 献

邓扬晨, 詹光, 刘艳华, 等. 2005. 无人机单、双尾撑布局的结构效率研究. 飞机设计, (4): 18-21.

高洪波, 苏周, 张兆海. 2019. 垂直起降固定翼无人机发展趋势分析. 科技创新导报, 16(22): 232-237.

高丽丽. 2017. 固定翼无人机总体设计及自主着陆控制技术研究. 南京: 南京航空航天大学.

关跃. 2022. 浅谈生态环境监测技术的发展对环境保护管理的意义//张中华, 韩佳慧. 中国环境科学学会 2022 年科学技术年会论文集(三). 北京: 中国学术期刊(光盘版)电子杂志社: 528-530.

何勇, 张艳超. 2014. 农用无人机现状与发展趋势. 现代农机, (1): 1-5.

李德仁, 李明. 2014. 无人机遥感系统的研究进展与应用前景. 武汉大学学报(信息科学版), 39(5): 505-513, 540.

李俊峰. 2020. 全球生态环境保护任重道远——第四届联合国环境大会评述. 世界环境, (2): 22-23.

李中华, 田会杰, 徐东明. 2016. 鸭翼布局飞行动力学特性及发展现状. 江苏科技信息, (8):

60-61.

刘玉焘. 2014. 尾座式无人机的飞行控制器设计. 哈尔滨: 哈尔滨工业大学.

马宝峰, 刘沛清, 邓学蓥. 2003. 近距耦合鸭式布局气动研究进展. 空气动力学学报, 21(3): 320-329.

闵山山. 2015. 某型无尾飞翼无人机气动布局设计与分析. 武汉: 华中科技大学.

王军杰. 2019. 多旋翼飞行器的气动布局设计与气动特性分析. 南京: 南京航空航天大学.

晏磊, 廖小罕, 周成虎, 等. 2019. 中国无人机遥感技术突破与产业发展综述. 地球信息科学学报, 21(4): 476-495.

杨国才. 2010. 从 EFA 到"台风"看鸭式布局飞机设计的可持续发展. 航空制造技术, (21): 32-35.

于进勇, 王超. 2017. 垂直起降无人机技术发展现状与展望. 飞航导弹, (5): 37-42.

赵英时. 2013. 遥感应用分析原理与方法(第二版). 北京: 科学出版社.

甄宗坤, 范占永, 蔡东健. 2015. 六旋翼无人机在城市测量中的应用. 水利与建筑工程学报, 13(3): 105-109.

Anderson S B, Feistelt T W. 1985. A historic review of canard configuration//12th Atmospheric Flight Mechanics Conference. California: American Institute of Aeronautics and Astronautics: 1803.

Chen X, Li D, Bai Y, et al. 2011. Modeling and neuro-fuzzy adaptive attitude control for eight-rotor MAV. International Journal of Control, Automation and Systems, 9(6): 1154-1163.

Hasan Y J, Sachs F, Dauer J C. 2018. Preliminary design study for a future unmanned cargo aircraft configuration. CEAS Aeronautical Journal, 9(4): 571-586.

Huang J, Fu W X, Luo S, et al. 2022. A practical interlacing-based coverage path planning method for fixed-wing UAV photogrammetry in convex polygon regions. Aerospace, 9(9): 521.

Rehan M, Akram F, Shahzad A, et al. 2022. Vertical take-off and landing hybrid unmanned aerial vehicles: An overview. The Aeronautical Journal, 126(1306): 2017-2057.

Saeed A S, Younes A B, Cai C, et al. 2018. A survey of hybrid unmanned aerial vehicles. Progress in Aerospace Sciences, 98: 91-105.

Sankaran S, Khot L R, Espinoza C Z, et al. 2015. Low-altitude, high-resolution aerial imaging systems for row and field crop phenotyping: A review. European Journal of Agronomy, 70: 112-123.

第 **2** 章

生态环境遥感监测传感器

　　生态质量退化、环境污染、资源短缺、自然灾害频发等重大生态环境问题，不仅影响全球经济社会的稳定和可持续发展，而且威胁到人类的生存基础和生命健康（刘一良等，2021）。持续开展生态环境监测对评估生态系统可持续性、制定合理的生态环境管理政策、维护人类生存的物质与环境条件具有重要意义。

　　生态环境遥感监测涉及的内容多、变化快，不但涵盖各种类型生态系统的不同属性信息，而且监测对象的背景和光谱特征复杂（王桥，2021）。传统依赖卫星为主的遥感监测手段存在空间分辨率低、时效性差等问题，使得其在生态环境监管中难以及时、主动发现生态系统的变化。为破解这一难题，一种值得推广应用的思路是利用卫星遥感定期重访、宽视角的特点进行大面积巡查，初筛问题区域；然后借助无人机遥感机动灵活、受云雨天气影响小的特点，针对问题区域及时进行地面精准核查，建立一种空天一体化的生态环境监测体系。推动这一体系的建设，将为精准生态环境监测提供重要的技术支撑。

　　遥感技术借助传感器获取地物发射或反射的电磁波信息，通过对电磁波信息进行解析，从而对地物属性进行判定。不同波长的电磁波蕴含的信息不同，对生态环境遥感监测具有不同的作用。可见光谱段（0.40～0.78 μm）是最早用来进行遥感观测的波段。其中，蓝光波段（0.45～0.48 μm）对水有很强的穿透力，适合用于判别水深、水体浑浊度，方便进行水系及浅海水域制图；绿光波段（0.50～0.57 μm）对植被绿光反射敏感，既可用于识别植被类型和评价植物生产力，还可用于水体污染特别是金属和化学污染的监测；红光波段（0.62～0.75 μm）位于叶绿素的主要吸收带，既可用于区分地物类型（植被、土壤、建筑等），又可用于区分植被类型和监测植被健康状况等（赵英时，2004）。近红外波段（0.76～1 μm）

既位于植被的高反射区，又位于水体强吸收区，它具有极其重要的地位。一方面，它对植被的类别、密度、生产力、长势等变化敏感，可用于植被类型识别、长势调查；另一方面，它可用于区分与水有关的地物，如勾绘水体、区分土壤湿度等。短波红外波段（1～3 μm）的大部分区域位于水吸收带，对植被干旱或由病变引起的水分变化敏感，并可增强土壤与绿色植被之间的反差，因此可用于植被提取及健康监测。热红外波段（8～14 μm）能提供地表温度信息及地表发射率信息，可用于火灾遥感监测、植被干旱探测、矿产识别与地质填图等（吴骅等，2021）。微波（1 mm～1 m）能够穿透云层，受天气影响小，具有全天候、全天时的特点，可用于对土壤含水量、地物几何特征、洪涝灾害等进行监测。此外，还可以利用传感器发射激光束，并接收地物反射回来的信号，与发射信息进行比较来获取地物的结构信息，其可用于植被结构、地形等测量。

根据传感器是否对外发射电磁波，可将目前常用的生态环境监测类传感器划分为被动观测传感器和主动观测传感器两大类。其中，被动观测传感器是不携带辐射源，通过获取和记录目标物自身发射或反射来自自然界辐射源（如太阳）的电磁波信息的遥感系统，主要包括可见光数码相机、多光谱相机、高光谱成像仪、红外热像仪等；主动观测传感器是从遥感平台上的人工辐射源向目标物发射一定形式的电磁波，再由传感器接收和记录其反射波的遥感系统，主要包括激光雷达、合成孔径雷达等。

2.1　被动观测传感器

1. 可见光数码相机

数码相机是一种利用电子传感器把光学影像转换为电子数据的相机。可见光数码相机是无人机遥感中使用最广泛的光学传感器，包含红、绿、蓝三个通道，具有价格便宜、操作简便的特点（刘琳等，2021）。利用可见光数码相机获取的影像符合人眼对自然界物体的观察习惯，能够准确反映地物的形状、质地和色彩（贾慧等，2018）。无人机搭载可见光数码相机既可用于制作数字表面模型（digital surface model，DSM）、数字正射影像图（digital orthophoto map，DOM），又可用于地物分类、植被长势反演、灾情监测等（颜安等，2020；李华玉等，2021）。

目前，搭载于无人机的数码相机，根据使用图像传感器的不同，可分为电荷耦合元件（charge coupled device，CCD）式相机和互补金属氧化物半导体（complementary metal oxide seniconductor，CMOS）式相机。CCD 和 CMOS 在制造上的主要区别是 CCD 集成在半导体单晶材料上，而 CMOS 集成在金属氧化物的半导体材料上。它们在传感器光电转换的原理上相同，但信号读出过程存在差异。CCD 仅通过一个或几个输出节点读取信号，因此信号的输出一致性非常好；CMOS 每个像素都有各自的信号放大器，各自进行电荷–电压的转换，因此信号输出的一致性比 CCD 差，画质也差些。但 CCD 每次读出整幅图像信号，要求输出放大器的信号带宽较宽，使得其功耗大于 CMOS，而且 CCD 采用逐个光敏输出，只能按照规定的程序输出，速度慢，CMOS 有多个电荷–电压转换器和行列开关控制，读出速度快，所以高速快门的数码相机一般是 CMOS 式相机。对于基于无人机的遥感监测而言，需要根据任务需求来搭配合适的无人机和相机，综合考虑无人机飞行速度，相机的画质、快门速度、体积、重量等因素来进行遥感观测平台的搭配。对于 CCD 式相机，目前使用较多的包括飞思公司（Phase One）的 iXU 180、IQ180，哈苏公司（Hasselblad）的 H4D-60 等（Colomina and Molina，2014）；对于 COMS 式相机，目前使用较多的包括佳能公司的（Canon）EOS 5D Mark Ⅲ，尼康公司（Nikon）的 D750，索尼公司（Sony）的 Alpha 7R 等。常用的可见光数码相机类型如表 2.1 所示，这些相机的分辨率在 2200 万～8100 万像素，最大快门速度在 800～8000 s^{-1}，重量在 0.4～1.8 kg。另外，还可以拼装 3 镜头、5 镜头、9 镜头构成多角度相机进行倾斜摄影测量。目前，常见的国产相机品牌型号有四维远见 SWDC-5 倾斜相机、中测新图 TOPDC-5 系列轻小型倾斜航摄仪、红鹏小金牛 AP3400R 倾斜相机、上海遥感公司的 AMC580 相机等（郭庆华等，2021）。

表 2.1 常用的可见光数码相机类型

型号	传感器类型	传感器尺寸 /（mm×mm）	最高分辨率 /（像素×像素）	重量 /kg	最大快门速度 /s^{-1}
Phase One iXU 180	CCD	53.7 × 40.4	10328 × 7760	1.70	4000
Phase One IQ180	CCD	53.7 × 40.4	10328 × 7760	1.50	1000
Hasselblad H4D-60	CCD	53.7 × 40.4	7304 × 5478	1.80	800
Canon EOS 5D Mark Ⅲ	CMOS	36.0 × 24.0	5760 × 3840	0.86	8000
Nikon D750	CMOS	35.9 × 24.0	6016 × 4016	0.750	4000
Sony Alpha 7R	CMOS	35.9 × 24.0	7360 × 4912	0.407	8000

2. 多光谱相机

多光谱相机是可以获取光谱分辨率为 $10^{-1}\lambda$ 数量级（λ 表示工作波长）的光学成像传感器（陈鹏飞等，2022），光谱通道数达到两个以上。相对于可见光相机，多光谱相机能够获取更为丰富的光谱信息，因此在生态环境监测方面具有优势（刘鹤等，2021）。

根据分光原理的不同，多光谱相机可分为单镜头加分光系统（王虎和罗建军，2014）和多镜头分光系统（朱敏等，2003；戴方兴等，2007）等类型。其中，单镜头加分光系统是采用一个镜头拍摄物体，用多个三棱镜分光器将来自物体的光线分离为若干波段的光束；多镜头分光系统是通过在多个成像焦面传感器前端分别设置不同谱段的窄带干涉滤光片实现的（赵宝玮等，2013）。按感光元件的不同，多光谱相机分为 CCD 式相机和 CMOS 式相机两种。与可见光数码相机类似，CCD 在影像品质等方面均优于 CMOS，而 CMOS 则具有低成本、低功耗以及高整合度的特点。对应于采用 CCD 传感器的多光谱相机多采用全局快门（如 RedEdge-M、Parrot Sequoia 等相机），所有像素点同时收集光线，同时曝光，有利于在飞行状态下获取无畸变的图像，而对于 CMOS 传感器的多光谱相机多采用卷帘快门（如 TETRACAM ADC Micro）（孙刚等，2014）。目前，主流的无人机多光谱相机一般采用多镜头分光系统，如 TETRACAM Micro-MCA6、RedEdge-M、Parrot Sequoia 等相机。表 2.2 列举了常用的多光谱相机类型。

表 2.2　常用的多光谱相机类型

型号	波段数	光谱波段 /nm	重量 /g	尺寸 /（mm×mm×mm）	快门类型	分辨率 /（像素×像素）	数字化位数
Parrot Sequoia	4 个多光谱波段加 1 个 RGB 波段	550、660、735、790	135	59×41×28	全局+卷帘（RGB）	1280×960	10
TETRACAM Micro-MCA 6（SNAP）	6	490、550、680、720、800、900	580	116×80×68	全局（SNAP）/卷帘	1280×1024	10
Quad	3 个多光谱通道加 1 个 RGB 通道	655、725、800	170	76×62×48	全局	1248×950	
RedEdge-M	5	475、560、668、717、840	173	94×63×46	全局	1280×960	16
TETRACAM ADC lite	3	560、660、840	200	114×77×61	卷帘	2048×1536	10

在生态环境监测中，多光谱传感器有着广泛应用。基于无人机搭载 RedEdge-M

相机获取多光谱影像，Chen 和 Wang（2020）构建新型诊断生物量的纹理指数，并耦合光谱和纹理信息准确反演棉花的生物量信息，为棉花精准管理提供了支撑；Wang 等（2020）基于无人机搭载 Parrot Sequoia 相机获取多光谱影像，耦合 Sentinel-2A 卫星数据构建诊断模型，实现了对山东省东营市垦利区土地盐碱化程度的监测；基于无人机搭载 RedEdge 相机获取多光谱影像，Shin 等（2019）采用多种分类方法成功对森林火灾造成的灾情程度进行了有效分类；吕学研等（2021）基于无人机搭载 Finder 系列多光谱相机获取多光谱影像，对造成社渎港区域水体污染的污染源进行了成功溯源。

3. 高光谱成像仪

高光谱成像仪是指可获取光谱分辨率达到 $10^{-2}\lambda$ 数量级（λ 表示工作波长）的光学成像传感器（陈鹏飞等，2022），其光谱通道数达到几十或者上百个。相对于多光谱影像，高光谱影像具有更高的光谱分辨率，且能提供波段连续的光谱信息，可有效捕捉地物的光谱诊断特征，从而更有利于相关地物信息的反演。高光谱信息的应用，不但使得应用中可选择的光谱通道的灵活性大增，减低了"同物异谱、异物同谱"的现象，提高了地物的可分性，而且较窄的波段设置，降低了背景信息对目标参数光谱特征的干扰，提高了定量遥感反演的精度。

根据无人机机载高光谱成像仪工作原理的不同，可分推扫式成像和画幅式成像。推扫式成像的高光谱成像仪利用面阵探测器先获取高维图像光谱维的信息，再按顺序获取空间维的信息，而画幅式成像的高光谱成像仪利用面阵探测器先获取高维图像空间维的信息，再按波段获取光谱维的信息。由于成像模式的限制和无人机飞行过程中容易抖动等的影响，采用推扫式成像的高光谱成像仪数据的几何校正是难点，需要配合高精度的定位定姿系统（positioning and orientation system，POS），经过复杂计算才能获得比较满意的影像；而采用画幅式成像的高光谱成像仪，可以在无 POS 系统的条件下完成图像的几何校正和拼接，但是由于不同波段成像有时间差，其获取数据处理的难点在于光谱信息的校正（陈鹏飞等，2018）。常见的推扫式成像的高光谱成像仪包括挪威纳斯克电子光学公司的 VNIR-1024 高光谱成像仪、HySpex Mjolnir S-620 高光谱成像仪，美国 Headwall 公司的 Nano-Hyperspec 高光谱成像仪；画幅式成像的光谱仪包括德国 Cubert 公司的 ULTRIS X20、芬兰 RIKOLA 高光谱成像仪。常用的高光谱成像仪类型见表2.3。

表 2.3　常用的高光谱成像仪类型

型号	波段范围 /nm	波段数量 /个	光谱分辨率 /nm	工作 原理	分辨率 /（像素×像素）	重量 /g	数字化 位数
ULTRIS X20	450～950	125	4.0	画幅式	410×410	350	12
RIKOLA	500～900	40	10.0	画幅式	1024×1024	600	
HySpex Mjolnir S-620	970～2500	300	5.1	推扫式	620×620	4500	16
Nano-Hyperspec	400～1000	342	1.76	推扫式	1020×1020	1000	12
HySpex VNIR-1024	400～1000	108	5.4	推扫式	1024×1024	4200	14

在生态环境监测中，高光谱技术的应用提高了监测的精度，但也同时带来需要处理海量数据的问题。目前，无人机高光谱技术还主要在小区域的试验中应用。Jiang 等（2019）研发了一款超低空探测平台，并基于它搭载 HySpex VNIR-1024 高光谱传感器获取高光谱影像，利用光谱角映射法和 BP 神经网络法有效识别了铁矿物蚀变信息；基于大疆 M600 无人机搭载 Nano-Hyperspec 高光谱传感器，孙玉鑫等（2022）获取了南沙湿地公园一期范围的高光谱影像，基于像元解混实现了对红树林树种的高精度分类；Ma 等（2022）利用大疆 M600 无人机搭载 S185 高光谱传感器（ULTRIS X20 的前身）获取小麦冠层高光谱影像，采用耦合深度多任务学习与 PROSAIL-N 机理模型的方法构建了小麦叶片氮浓度的反演模型，为小麦氮素营养精准探测提供了技术支撑。

4. 红外热像仪

在一定温度下物体向外界辐射能量，物体的辐射出射度是波长与温度的函数；随着温度的增加，总发射能量也增加（吴骅等，2021）。红外热像仪指可获取波长范围在热红外谱区的成像传感器（陈鹏飞等，2022）。热红外遥感不受日照条件的影响，可以在白天、夜间成像。人们既可以根据同一时刻影像中记录的不同地物的温差来识别或定量刻画地物，也可以根据一定时间内（如一天）地物温度的变化来对其进行识别或反演相关属性信息。红外热像仪最初用于军事领域，现常用于林火、植被冠层温度、干旱胁迫与病虫害等的监测（贾慧等，2018）。

常用的红外热像仪类型见表 2.4，主要有美国 FLIR 公司的红外热像仪系列 Duo Pro 640 和 Tau2 640，分辨率为 640×512 像素，光谱范围 7.5～13.5 μm，热敏性为 50 mK，仪器重量 110 g 左右；德国 Optris 公司的 PI 640 红外热像仪，分辨率为 640×480 像素，光谱范围 7.5～13 μm，热敏性为 130 mK，仪器重量为 320 g；

英国 Thermoteknix 公司 Miricle 307 K 红外热像仪，分辨率为 640×480 像素，光谱范围 8～12 μm，热敏性为 50 mK，仪器重量为 170 g；捷克 Workswell 公司 WIRIS 640 红外热像仪，分辨率为 640×512 像素，光谱范围 7.5～13.5 nm，热敏性为 30～50 mK，仪器重量为 400 g（Colomina and Molina，2014；Manfreda et al.，2018）。

表 2.4　常用的红外热像仪类型

型号	分辨率/（像素×像素）	重量/g	光谱范围/μm	热敏性/mK
FLIR Duo Pro 640	640×512	115	7.5～13.5	50
FLIR Tau2 640	640×512	112	7.5～13.5	50
Optris PI 640	640×480	320	7.5～13	130
Thermoteknix Miricle 307 K	640×480	170	8～12	50
Workswell WIRIS 640	640×512	400	7.5～13.5	30～50

2.2　主动观测传感器

1. 激光雷达

激光雷达是一种主动遥感技术，通过发射激光和接收返回信号的方式获取相关信息（李增元等，2016）。它具有不受光照限制、环境背景干扰小的特点。无人机机载激光雷达系统是集激光扫描、全球定位系统、惯性导航系统等技术于一体的空间测量技术。目前，无人机机载激光雷达多是测距雷达，能够快速、准确地获取目标地物三维结构信息（王小虎，2020）。

衡量无人机机载激光雷达性能的参数主要有最大测量距离、测点频率、测量误差、重量等。表 2.5 列举了常用的激光雷达类型（刘琳等，2021；Colomina and Molina，2014；Manfreda et al.，2018）。其中，美国 Velodyne 公司的 HDL-32E 激光雷达的最大测量距离为 100 m，测点频率 700000 pts/s，测量误差为±2.0 cm，重量为 2.0 kg；奥地利 RIEGL 公司的 VUX-1UAV 激光雷达的最大测量距离为 1050 m，测点频率 500000 pts/s，测量误差为±1.0 cm，重量为 3.5 kg；美国 GreenValley 公司的 LiAir 220N 激光雷达的最大测量距离为 150 m，测点频率 720000 pts/s，测量误差为±2.0 cm，重量为 2.0 kg；大疆禅思 L1 的最大测量距离为 450 m，测点频率为 480000 pts/s，测量误差为±3.0 cm，重量为 0.9 kg。

表 2.5　常用的激光雷达类型

型号	最大测量范围/m	测点频率/(pts/s)	重量/kg	测量误差/cm
Velodyne HDL-32E	100	700000	2.0	±2.0
RIEGL VUX-1 UAV	1050	500000	3.5	±1.0
大疆禅思 L1	450	480000	0.9	±3.0
LiAir 220N	150	720000	2.0	±2.0

在生态环境监测中，无人机激光雷达技术也有着广泛应用。基于无人机搭载 RIEGL VUX-1 UAV 激光雷达获取点云数据，Zhang 等（2021）以呼伦贝尔草原样地为例，反演了内蒙古草原覆盖度和高度信息，并进一步对草地生物量进行反演，获得较好的结果，证明无人机激光雷达数据可用于草地健康状况评价；王鑫运等（2022）基于大疆 M300 无人机搭载禅思 L1 相机获取人工针叶林点云信息，提出一种基于层次化泛洪的单木分割算法，可实现林地单木精准分割；刘昌军等（2015）基于无人直升机携带 RIEGL VUX-1 UAV 激光雷达获取栾川县小流域激光点云信息，基于以上数据制作了高精度的 DEM 数据，并进一步获取了沿河村落居民户高程、河道纵横断面数据，与 GNSS RTK 测量数据进行精度比对分析，证明激光雷达数据的高程误差较低，满足山洪灾害调查评价工作需要。

2. 合成孔径雷达

合成孔径雷达（synthetic aperture radar，SAR）是一种主动式相干微波遥感成像技术，其工作波段位于 P 波段到 Ka 波段之间，它能够提供大尺度、高分辨率的地表反射率图像（贾慧等，2018）。合成孔径雷达作为一种主动探测方式的微波成像遥感系统，自 20 世纪 50 年代出现以来，一直是雷达遥感领域的发展热点，具有远距离探测，可全天候、全天时、不受云雾雨雪遮挡等优势，是实现对地观测不可或缺的重要手段（王岩飞等，2016）。

由于无人机载重的限制，低于 5 kg 的微小型无人机机载合成孔径雷达系统成为主流。目前，大部分微小型合成孔径雷达系统采用调频连续波（frequency modulated continuous wave，FMCW）体制。采用 FMCW 体制的合成孔径雷达系统由于连续发射探测信号，使得发射信号的平均功率较大，相对脉冲工作方式而言，其发射信号的峰值功率要小得多，可以采用固态器件，有利于实现体积、重量的轻小型化（王岩飞等，2016）。常见的合成孔径雷达类型见表 2.6 所示。其中，美国 ImSAR

公司生产的 NanoSAR，工作波段在 X 波段，分辨率为 1 m，作用距离 1 km，重量为 1 kg；德国欧洲宇航防务集团推出的 MiSAR 系统，工作波段在 Ka 波段，分辨率为 0.5 m，作用距离为 5 km，重量 4 kg；荷兰应用科学研究组织推出的 AMBER 系统，工作波段在 X 波段，分辨率为 0.15 m，作用距离为 5 km，重量 6 kg；中国科学院空天信息创新研究院研制的 MiniSAR 系统，工作波段在 Ku 波段，分辨率为 0.3 m，作用距离为 6 km，重量 3 kg。

表 2.6 常见的合成孔径雷达类型

型号	工作波段	分辨率/m	作用距离/km	重量/kg
NanoSAR	X	1	1	1
MiSAR	Ka	0.5	5	4
MiniSAR	Ku	0.3	6	3
AMBER	X	0.15	5	6

在生态环境监测中，Shi 等（2017）利用无人机搭载 MiniSAR 获取了山西省蓟县的合成孔径雷达数据，并生成了 DSM 和 DOM 数据，经检验满足 1∶5000 比例尺地形图制图要求，验证了 MiniSAR 系统可在地理国情监测中应用；Ananenkov 等（2019）的研究表明，可基于无人机携带 NanoSAR 等雷达设备实现对冰情的全天候监测，以及时识别有威胁的冰山，保障交通路线的安全；基于大疆 M600 无人机搭载 MiniSAR 雷达系统获取浙江省德清县新安镇下舍村粮食生产功能区的极化合成孔径雷达数据，Wang 等（2022）通过对传统水云模型进行改进，提出了水稻穗期估产模型，准确度达 90% 以上。

参 考 文 献

陈鹏飞, 李刚, 石雅娇, 等. 2018. 一款无人机高光谱传感器的验证及其在玉米叶面积指数反演中的应用. 中国农业科学, 51(8): 1464-1474.

陈鹏飞, 廖小罕, 吴骅, 等. 2022. T/CARSA 1.2—2022 基于低空无人机的高分卫星遥感共性产品真实性检验 第 2 部分: 装备配置要求. 团体标准. 北京: 中国遥感应用协会.

戴方兴, 舒嵘, 王斌永, 等. 2007. 无人机载多光谱成像仪图像配准的一种方法. 红外技术, 29(8): 466-467.

郭庆华, 胡天宇, 刘瑾, 等. 2021. 轻小型无人机遥感及其行业应用进展. 地理科学进展, 40(9): 1550-1569.

贾慧, 杨柳, 郑景飚. 2018. 无人机遥感技术在森林资源调查中的应用研究进展. 浙江林业科技,

38(4): 89-97.

李华玉, 陈永富, 陈巧, 等. 2021. 基于遥感技术的森林树种识别研究进展. 西北林学院学报, 36(6): 220-229.

李增元, 刘清旺, 庞勇. 2016. 激光雷达森林参数反演研究进展. 遥感学报, 20(5): 1138-1150.

刘昌军, 孙涛, 张琦建, 等. 2015. 无人机激光雷达技术在山洪灾害调查评价中的应用. 中国水利, 21: 49-51, 62.

刘鹤, 顾玲嘉, 任瑞治. 2021. 基于无人机遥感技术的森林参数获取研究进展. 遥感技术与应用, 36(3): 489-501.

刘琳, 郑兴明, 姜涛, 等. 2021. 无人机遥感植被覆盖度提取方法研究综述. 东北师大学报(自然科学版), 53(4): 151-160.

刘一良, 张景, 王丝丝, 等. 2021. "全球生态环境遥感监测年度报告"回顾: 2012—2021. 遥感学报, 26(10): 2106-2120.

吕学研, 张甦, 张咏, 等. 2021. 无人机多光谱遥感在社渎港污染溯源中的应用. 水资源与水工程学报, 32(3): 18-23.

孙刚, 黄文江, 陈鹏飞, 等. 2014. 轻小型无人机多光谱遥感技术应用进展. 农业机械学报, 49(3): 1-17.

孙玉鑫, 梁庆炎, 陈勇明. 2022. 一种红树林亚种分类的无人机高光谱遥感方法. 北京测绘, 36(6): 762-766.

王虎, 罗建军. 2014. 空间碎片多光谱探测相机光学系统设计. 红外与激光工程, 43(4): 1188-1193.

王桥. 2021. 中国环境遥感监测技术进展及若干前沿问题. 遥感学报, 25(1): 25-36.

王小虎. 2020. 基于机载激光雷达数据的森林单木分割方法研究. 哈尔滨: 东北林业大学.

王鑫运, 黄杨, 邢艳秋, 等. 2022. 基于无人机高密度 LiDAR 点云的人工针叶林单木分割算法. 中南林业科技大学学报, 42(8): 66-77.

王岩飞, 刘畅, 詹学丽, 等. 2016. 无人机载合成孔径雷达系统技术与应用. 雷达学报, 5(4): 333-349.

吴骅, 李秀娟, 李召良, 等. 2021. 高光谱热红外遥感: 现状与展望. 遥感学报, 25(8): 1567-1590.

颜安, 郭涛, 陈全家, 等. 2020. 基于无人机影像的棉花株高预测. 新疆农业科学, 57(8): 1493-1502.

赵宝玮, 相里斌, 吕群波, 等. 2013. 机械快门对大面阵滤光片型多光谱相机成像的影响及改进. 光谱学与光谱分析, 33(7): 1982-1986.

赵英时. 2004. 遥感应用分析原理与方法. 北京: 科学出版社.

朱敏, 金伟其, 徐彭梅. 2003. 遥感卫星多镜头多光谱相机的配准技术. 北京理工大学学报, 23(5): 633-637.

Ananenkov A E, Konovaltsev A V, Nuzhdin V M, et al. 2019. Radio vision systems ensuring movement safety for ground, airborne and sea vehicles. Journal of Telecommunications and Information Technology, 8: 54.

Chen P, Wang F. 2020. New textural indicators for assessing above-ground cotton biomass extracted from optical imagery obtained via unmanned aerial vehicle. Remote Sensing, 12(24): 4170.

Colomina I, Molina P. 2014.Unmanned aerial systems for photogrammetry and remote sensing: A review. ISPRS Journal of Photogrammetry and Remote Sensing, 92: 79-97.

Jiang G, Zhou K, Wang J, et al. 2019. Identification of iron-bearing minerals based on HySpex hyperspectral remote sensing data. Journal of Applied Remote Sensing, 13(4): 47501.

Ma K, Chen P, Jin X. 2022. Predicting wheat leaf nitrogen content by combining deep multitask learning and a mechanistic model using UAV hyperspectral images. Remote Sensing, 14(24): 6334.

Manfreda S, McCabe M, Miller P, et al. 2018. On the Use of unmanned aerial systems for environmental monitoring. Remote Sensing, 10: 641.

Shi X, Huang G, Qiao M, et al. 2017. Geographical situation monitoring applications based on MiniSAR//Yuan H, Geng J, Bian F. Geo-Spatial Knowledge and Intelligence. Communications in Computer and Information Science. Berlin: Springer: 698.

Shin J, Seo W, Kim T, et al. 2019. Using UAV multispectral images for classification of forest burn severity-a case study of the 2019 Gangneung forest fire. Forests, 10(11): 1025

Wang D, Chen H, Wang Z, et al. 2020. Inversion of soil salinity according to different salinization grades using multi-source remote sensing. Geocarto International, 37(5): 1274-1293.

Wang Z, Wang S, Wang H, et al. 2022. Field-scale rice yield estimation based on UAV-based MiniSAR data with Ku band and modified water-cloud model of panicle layer at panicle stage. Front in Plant Science, 13: 1001779.

Zhang X, Bao Y, Wang D, et al. 2021. Using UAV LiDAR to extract vegetation parameters of Inner Mongolian grassland. Remote Sensing, 13(4): 656.

第 3 章

洪水无人机遥感监测及灾后评估

3.1 案例背景

我国地处东亚大陆，地形地势复杂，地区间气候差异大，东部受季风气候和热带气旋影响，降水量年内分布不均，暴雨洪涝灾害突出，大约 2/3 的国土面积有着不同类型和不同危害程度的洪涝灾害，是世界上洪涝灾害最严重的国家之一。据《中国水旱灾害防御公报 2020》统计，我国每年因洪涝灾害遭受直接经济损失超过 1500 亿元。以 2020 年为例，全国有 751 条河流发生超警以上洪水，长江、淮河发生流域性洪水，因灾死亡失踪人口 271 人，直接经济损失 2143.1 亿元。2021 年 7 月河南省郑州、新乡等地遭受特大洪涝灾害，全省因灾死亡失踪人口 398 人，直接经济损失 1200.6 亿元（国务院灾害调查组，2022）。

随着工业化、城镇化和全球气候变化影响加剧，我国面临的防洪形势日趋严峻，应用新兴科学技术进一步提升洪涝灾害防御能力迫在眉睫。20 世纪 60 年代发展起来的遥感技术，因其具有大面积同步监测、实时性好、动态性强等优势，在防洪减灾中发挥着越来越多的作用。在 2021 年全国水旱灾害防御工作视频会议上，水利部部长李国英提出要通过高分辨率航天、航空遥感技术和地面水文监测技术的有机结合，推进建立流域洪水"空天地"一体化监测系统，提高流域洪水监测体系的覆盖度、密度和精度。空天地一体化遥感监测技术已成为我国防洪减灾的重要支撑手段（黄诗峰等，2021）。

遥感技术应用于洪涝灾害监测可以追溯到 20 世纪 70 年代。1973 年美国利用陆地卫星监测密西西比河的泛滥，取得良好效果（Albert and Arthur，1974）。我国洪涝灾害遥感监测始于 20 世纪 80 年代。1983 年水利部遥感技术应用中心利用陆地资源卫星影像调查了发生在三江平原挠力河的洪水，成功地获取了受淹面积和河道变化的信息。其后，"七五"期间，水利部、中国科学院、国家测绘局、中国气象局等部门合作，先后在永定河下游、黄河下游、长江荆江河段和洞庭湖区以及淮河干流，开展大规模的防洪遥感应用试验，并首次建立了面向洪涝灾害监测的全天候和准实时航空遥感系统。继防汛遥感应用试验之后，国家"八五"重大科技攻关和863计划又共同支持了全天候实时航空遥感系统的研制。该系统的总体设计采用机–星–地模式，由航空遥感平台分系统、雷达实时成像分系统、航空卫星通信分系统以及地面图像信息处理分系统几部分组成，实现了全天候工作、图像实时传输、应用机动灵活、覆盖面积大以及灾情评估五大功能。"九五"期间，科技部攻关项目"遥感、地理信息系统、全球定位系统综合应用研究"列入"重大自然灾害监测与评估业务运行系统的建立"课题，按业务化和实用化的要求，开展水旱灾害遥感监测与评估关键技术科技攻关，初步建成了水旱灾害为重点的业务运行系统，使得我国面临洪涝灾害时的应急反应能力、灾情信息快速提取能力和速报能力均大大提高。1998年，在长江、嫩江和松花江流域特大洪水灾害中，遥感技术首次得到大规模应用，并取得显著效果（科学技术部国家遥感中心，1999）。"十一五"期间，航空航天遥感大量投入应用，无人机和国产北斗导航系统多次为救灾应急决策提供重要依据。国家减灾中心等利用环境减灾卫星和航空遥感数据，建立重、特大自然灾害实物量监测业务体系，并取得了重大成果。依托"天–地–现场"一体化业务平台，初步建立重、特大自然灾害范围监测和损失评估的技术方法，圆满完成了汶川地震、玉树地震和舟曲山洪泥石流灾害的评估工作（杨思全等，2017）。"十二五"期间，我国"高分辨率对地观测系统"重大专项全面实施，高分系列卫星的升空，尤其是高分三号卫星的成功发射，明显改善了我国洪涝灾害监测依赖国外雷达卫星的历史，基于我国自主高分系列卫星数据的洪涝灾害监测研究大量涌现（马建威等，2017）。进入"十三五"后，随着无人机技术成熟，无人机在洪涝灾害应急监测中得到了蓬勃发展（晏磊等，2019）。

无人航空器遥感作为一项空间数据获取的重要手段，具有高危地区探测成本低、数据分辨率高和机动灵活等优点，能够准确快速获取洪涝灾情信息，辅助防汛减灾救灾部门及时掌握灾害发展情况和制定应急对策，最大限度降低灾害损失，是卫星遥感的有力补充。但单架无人机遥感观测难以满足洪涝灾害监测范围大、多场景应急监测的需求。同时组织多架无人机进行协同观测，既具有无人机观测机动灵活的特点，还可以克服单架无人机监测范围小、载荷单一等不足，可以解决洪涝应急监测多场景问题，是当前研究热点（邵芸等，2016；鹿明等，2019；孙亚勇等，2022）。本章以 2020 年江西省三角联圩溃堤无人机遥感监测为例，介绍无人机组网遥感监测的相关技术流程与方法。

3.2　研究区与试验方案

3.2.1　研究区概况

鄱阳湖（28°22′N～29°45′N，115°47′E～116°45′E），位于江西省北部，是中国第一大淡水湖，也是典型的季节性、吞吐型、过水性通江湖泊，其水位呈显著的季节性变化。江西永修县三角联圩位于修河尾闾，北接修河干流，东临鄱阳湖，南隔蚂蚁河与新建县相邻，属于亚热带季风气候，降水量丰富。县内圩堤总长约 265 km，在高水期间水系关系复杂，受修河和鄱阳湖水位影响，具备典型的洪涝灾害水文监测特点。

2020 年 7 月 12 日受连续强降雨的影响，鄱阳湖地区水位快速上涨，三角联圩发生溃决。7 月 15 日采用垂直起降轻小型无人机对永修县三角联圩溃口洪涝灾情进行应急遥感观测。

3.2.2　观测场景分析

面向洪涝灾害监测应用，主要有以下三种应用场景，即①大范围洪涝态势监测：洪涝灾害影响范围广、发生频次高、突发性强、损失大。特别是在江河湖泊水库汛期和强降雨发生期，全天候大范围精准掌握地面洪水空间分布状态以及发展态势对于防汛救灾减灾工作至关重要。②小范围洪涝灾情监测：对淹没区进行洪涝灾情快速监测，以便精准感知灾情信息，指导人员财产转移等减灾工作具有重要意义。③洪涝灾害定点持续监测：江、河、渠、湖、库、海岸或行洪区、分洪区、围垦区的边缘修筑的挡水堤防和大坝是防御洪水泛滥、保护居民和工农业生产的主要措施。在汛期和强降雨时期中，堤防、大坝不仅能起到抵挡洪水的作用，也是洪水破坏的高风险区。为了预防溃堤、溃坝灾害或监测溃口动态发展情况，需要针对堤防、大坝和溃口进行 24 h 不间断监测。

3.2.3 不同场景应用的观测平台与载荷

针对洪涝灾害应急响应和区域信息动态感知，合理搭配长航时无人机、轻小型无人机、系留浮空器等不同平台与可见光/红外双波段视频相机、大视场测绘相机、光学相机、广域全景监视相机、MiniSAR、广域 SAR 不同传感器具有重要意义。针对不同的洪涝灾害监测场景，适宜选择的无人航空器遥感平台与载荷配置如表 3.1 所示。

表 3.1　无人航空器遥感平台与载荷配置

洪涝灾害监测场景	任务类型	无人航空器类型	载荷类型	信息传输要求
大范围洪涝态势监测	—	长航时无人机	广域 SAR+双波段视频相机	多链路无线接入设备传输遥控遥测信息
小范围洪涝灾情监测	高频全覆盖监测	轻小型无人机，多架次组网	可见光/红外视频相机	CPE 传输视频和遥控遥测信息
	多载荷同步监测	轻小型无人机，多架次组网	可见光/红外视频相机、MiniSAR、测绘相机、偏振相机、多光谱相机	CPE 传输遥控遥测信息
	复杂情况下突发洪涝灾害应急监测	轻小型垂直起降无人机	可见光/红外视频相机	CPE 传输遥控遥测信息
洪涝灾害定点持续监测	—	系留浮空器	可见光与红外广域全景监视相机	多链路无线接入设备传输遥控遥测信息

注：CPE 指用户终端设备（customer premise equipment）。

1. 大范围洪涝态势监测

对于大范围洪涝态势监测，一般可选择具备长时间续航能力的无人航空器遥感平台，配置 SAR 传感器以及光学相机。图 3.1 为中航贵州飞机有限责任公司研制的"鹞鹰"长航时无人机，续航时间大于 10 h，最大起飞重量 1250 kg，载荷重量大于 25 kg。其技术指标如表 3.2 所示。

2. 小范围洪涝灾情监测

小范围洪涝灾情监测可以发挥轻小型无人机迅捷、高效、低成本的优势，其基于搭载的 MiniSAR、可见光相机、视频吊舱、热红外等传感器，获取多源数据，提取灾情信息，定量评估灾情情况。针对具体情况，可选用相应的轻小型无人机及相应载荷。

图 3.1　"鹞鹰"长航时无人机

表 3.2　"鹞鹰"长航时无人机技术指标

类别	指标	参数
尺寸	机长	7.5 m
	翼展	14.4 m
	机高	2.77 m
重量	最大起飞重量	1250 kg
	载荷重量	25 kg
飞行性能	最大平飞速度	150 km/h
	最大航程	4800 km
	起降方式	滑跑起降（400 m）
	续航时间	>10 h
	抗风等级	5 级
	抗雨等级	中雨

1）小范围洪涝灾情的高频全覆盖监测

对于小范围洪涝灾情的高频全覆盖监测，可以采用多架轻小型无人机搭载光学相机，迅捷协同组网，一次组网飞行可完成 100 km^2 范围快速全覆盖监测。第一次飞行结束后，可在 1～2 h 再次进行第二次协同组网全覆盖监测。

2）小范围洪涝灾情的多载荷同步监测

对于小范围洪涝灾情的多载荷同步监测，可采用多架轻小型无人机，分别搭载双波段视频吊舱、MiniSAR、测绘相机、偏振相机、多光谱相机等载荷，迅捷协同组网，对小区域洪涝灾情同步组网监测，一次性获取同地区的多源数据。

3）复杂情况下突发洪涝灾害应急监测

对于复杂情况下突发洪涝灾害应急监测，可采用轻小型垂直起降无人机，搭载光学相机以及双波段视频相机进行监测。垂直起降无人机对起飞场地要求低，能够快速执行任务。图 3.2 为"大黄蜂"垂直起降无人机，其主要技术指标如表 3.3 所示。

图 3.2 "大黄蜂"垂直起降无人机

表 3.3 "大黄蜂"垂直起降无人机主要技术指标

类别	指标	参数
尺寸	机长	2.45 m
	翼展	3.2 m
重量	最大起飞重量	25 kg
	有效负载重量	5 kg
飞行性能	最大平飞速度	120 km/h
	巡航速度	90 km/h
	最大爬升率	6 m/s
	起降方式	垂直起降
	续航时间	2 h
使用环境	海拔	≤5000 m
	抗风等级	≤5 级
	抗雨等级	小雨

3. 洪涝灾害定点持续监测

对于堤防、大坝溃决洪水，需定点持续监测，可选择系留浮空器搭载广域全景监测相机。系留浮空器是一种新型的空中信息平台，同无人机、直升机等飞行器相比，它不带动力，完全依靠自身浮力升空，通过缆绳约束实现预定高度的定点悬浮作业，具有覆盖面积大、留空时间长、部署灵活机动、效能费用比高等优点。作为通用的多载荷搭载空中平台，车载系留气球系统能够适应城市、山区多种环境的洪涝灾害观测，可与其他通信、监控等平台相互补充，有效增强机动监控等效能，提高动态监测能力。图 3.3 为中国电子科技集团公司第三十八研究所研制的 1600 m³ 的系留浮空器，搭载广域全景监测相机开展洪涝灾情定点持续监测，可实现 64 km² 范围内持续遥感成像。其主要技术指标见表 3.4。

图 3.3　系留浮空器

表 3.4　系留浮空器主要技术指标

指标	参数
传感器尺寸	144 mm × 260 mm × 248 mm
浮空器尺寸	35.3 m（长）×14.4 m（宽）×19.7 m（高）
任务载重	≤220 kg
升空高度	≥1000 m
抗风能力	≤六级，瞬时风速 15 m/s
球上供电体制	28 VDC、220 VAC
球上总供电功率	≥5.5 kW
任务载荷总功率	≤4.0 kW
信号传输方式	光纤、无线
工作环境温度	−20～+50℃（球载设备） −10～+45℃（地面设备）
工作环境湿度	95%（30℃）
连续留空时间	≥7 天

3.3 监测流程与算法

3.3.1 洪涝灾害应急监测与快速评估技术流程

洪涝灾害应急监测与快速评估技术流程如图 3.4 所示,详述如下,即①监测评估指令下达:依据洪涝灾情发生发展态势以及洪水预报成果,下达无人机洪涝灾害应急监测指令;②无人机应急监测:接收到指令后,快速开展无人机应急航飞准备(设备检查、航线规划)、任务执行、数据回传、无人机影像预处理;③基

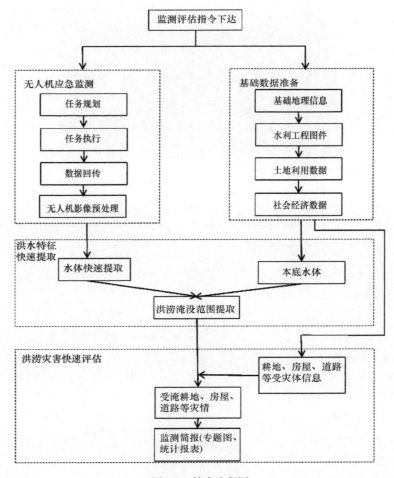

图 3.4 技术流程图

础数据准备：收集整理航飞区域基础地理信息、水利工程图件、土地利用数据、社会经济数据以及本底遥感影像等；④洪水特征快速提取：基于无人机系统获取灾中或灾后光学或雷达等影像数据，开展水体范围的自动提取，结合本底水体范围，提取洪涝淹没范围；⑤洪涝灾害快速评估：在洪涝淹没范围提取的基础上，结合本底土地利用、社会经济等数据，快速评估受淹耕地、房屋、道路等信息，制作洪涝灾害遥感监测专题图，并编写洪涝灾害监测简报。

3.3.2　洪水特征信息快速提取方法

洪水特征信息主要包括发生位置、淹没范围、淹没水深、淹没历时以及洪水流速等。对于洪水遥感监测来说，最为核心的是要提取洪水受淹区水体的分布。为此，本书提出一种基于深度学习技术和无人航空器光学影像的水体智能提取算法。

1. 深度学习遥感图像识别概述

深度学习是机器学习研究领域的一个重要分支，是指计算机根据一套通用规则自动学习数据从输入到输出的最优特征表示的方法。其以数据模型为驱动，通过设定多层网络、每层网络的参数（随机初始化）、迭代规则等，使计算机自动学习并提取输入数据中高维、抽象和特定语义特征，进而实现信息智能化提取和知识挖掘（付文博等，2018）。深度学习技术已在遥感应用中表现出显著的优势，越来越多的语义分割技术被应用于遥感影像分类中。在遥感影像的水体提取方面，Yu等（2017）采用一种简单的卷积神经网络结构实现水体的提取，所使用的网络利用两个卷积层和采样层来提取水体的特征，之后使用一个全连接层对水体进行预测。Feng等（2019）基于 WorldView2 与 GF-2 遥感影像，将超像素分割与条件随机场引入 UNet 网络结构中，提出了一种改进的陆表水体信息提取网络；陈前等（2019）构建并训练 DeepLab v3 网络模型用于水体提取，其精度优于水体指数法、面向对象法和支持向量机（SVM）法。

2. 改进 UNet 卷积神经网络模型

1）UNet++网络结构

经典的 UNet 模型是一个编码–解码器框架，通过卷积层和池化层将待分类的图像进行四次下采样,得到包含丰富语义信息的特征图,再通过转置卷积或插值恢复特征图的分辨率。上采样的过程中使用跳跃连接弥补下采样过程中丢失的细节信息,最终得到像素精度的语义分割结果。UNet 具有简单、有效、易扩展的特性被广泛应用于图像分割领域,但其由于简单的编码器结构,无法适应背景信息复杂的遥感影像全要素分类(图 3.5)。

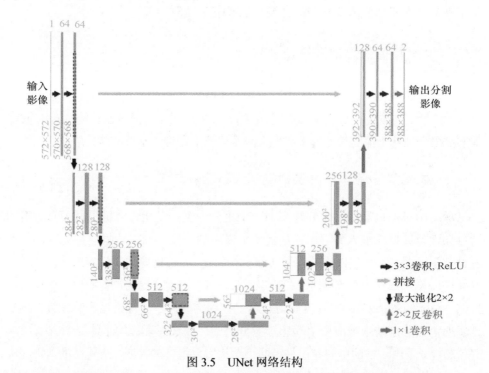

图 3.5　UNet 网络结构

UNet++由 Zhou 等(2018)在 UNet 的基础上改进了上采样和跳跃连接方式得到,其网络结构如图 3.6 所示,具有密集连接的多层 UNet 嵌套在一起构成 UNet++,并引入深度监督方案协同训练每个 UNet 的输出。Zhou 等(2018)对不同深度的 UNet 在不同数据集上进行实验,结果表明,网络并非越深越好,基于此他们提出 UNet++结构,来将不同深度的 UNet 嵌套在一起并对每个编码层都进行解码操作,从而让网络自行学习哪个深度的特征是有效的。

2)改进 UNet++卷积神经网络模型

UNet++解决了 UNet 中特征利用不充分的问题,但其简单的编码器无法将遥

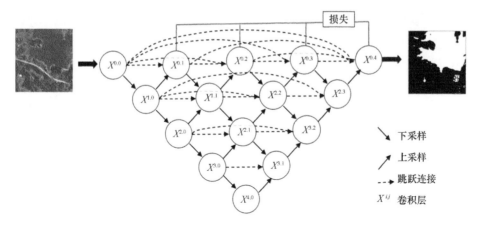

图 3.6　UNet++网络结构

感影像中复杂的地物信息区分开,因此本书将 UNet++中的卷积运算单元替换为残差块,使用 ResNet34 作为网络的特征提取器。残差块包括一个恒等映射和跳跃连接,该结构解决了神经网络层数过多时容易出现过拟合和梯度消失的问题。ResNet 的核心思想是通过引入残差连接来构建深层网络。在传统的深度卷积神经网络中,随着网络层数的增加,梯度在反向传播过程中可能会逐渐减小,导致训练过程变得困难,并且模型的性能可能会饱和甚至下降。ResNet 通过在网络中引入残差单元,允许信息直接跳过几层,使得梯度能够更容易地传播,从而解决了梯度消失的问题。

3. 基于深度学习的水体提取

基于深度学习的水体提取包括样本准备、网络构建、模型训练、模型精度评价等步骤,精度评价合格的模型可用于水体的预测。

1)样本准备

样本准备是深度学习技术得以有效运行的关键环节,标记了需要计算机自动识别的遥感影像样本,使计算机不断学习样本数据特征,最终达到计算机智能解译的效果,提供的训练样本数据越多、质量越高,结果就越好。

在样本采集的基础上,根据深度学习网络的应用需求,开展样本数据的处理,主要包括数据格式处理、数据切片、数据集拆分。数据格式处理是对采集的标注矢量数据和对应的遥感影像数据进行处理,矢量数据需要进行栅格化处理，生成单波段、8 位无符号的栅格数据，遥感影像数据需要进行降维、降位处理，生成 RGB 三波段、8 位无符号的栅格数据；开展数据的切片工作，生成切片大小为 512 像素×512 像素的小图片，形成自动分类网络所需的样本数据集；根据网络训练要求，将样本数据集合理拆分为训练集和验证集，其中训练集占样本数据集总数的 80%，验证集占样本数据集总数的 20%。基于拆分后的样本数据集，构建数据集加载器（DataLoader），使用数据增广（水平翻转、垂直翻转、旋转、缩放等）技巧，让样本数据集尽可能的多样化，使得训练的模型具有更强的泛化能力。

2）网络构建

本章研究的遥感影像自动分类网络采用"编码器–解码器"结构，其中，编码器用于提取样本的特征信息，形成特征图；解码器用于将编码器提取的特征图恢复成原始图像大小，并在恢复过程中融合编码器中低级特征图，获取不同层级特征信息，弥补丢失的细节，提升网络分割精度。本章使用 ResNet34 网络作为编码器，使用 UNet++网络作为解码器。

3）模型训练

模型训练是采用自动挖掘样本数据特征的方式学习样本语义信息，通过对训练和应用中的效果分析，有针对性地调整参数，不断迭代优化，以获得最优模型的过程。网络训练过程中可手动配置的参数包括与网络模型有关的参数如批规范化层、Dropout 层等，以及与模型训练调优有关的参数如优化器、学习率等，这些参数是在训练前或训练过程中人为进行调整的参数，不通过反向传播算法来更新。本章基于 Pytorch 深度学习框架搭建网络模型与训练框架，使用 Adam 优化器加速模型训练收敛过程，使用 kaiming 正态分布初始化各卷积层参数，在网络模型的每个卷积层之后使用批归一化层对输出值进行一次高斯分布和线性变换。学习率设置为 0.0001，训练集和验证集的批大小均设置为 8，模型迭代次数设置为 100，这些超参数均通过多次实验得到。

4）模型精度评价

精度评价常用指标包括查准率（precision，%）、查全率（recall，%）和 $F1$ 值（$F1$-score）等。

查准率表示水体正确分类的像素个数与预测图像被标注为水体像素个数的比

值，即预测的准确率，其计算公式为

$$precision = \frac{TP}{TP+FP} \tag{3.1}$$

召回率表示被正确分类为水体的像元个数与标签图像中被标注为水体总像素个数的比值，即预测的查全率，其计算公式为

$$recall = \frac{TP}{TP+FN} \tag{3.2}$$

$F1$ 值为查全率与查准率的调和平均数，其计算公式为

$$F1 = 2 \times \frac{precision \times recall}{precision+recall} \tag{3.3}$$

式中，TP（true positive）为真正例，表示图像中标注为水体的像素被正确识别为水体的样本数量；FP（false positive）为假正例，表示地面真实标签为非水体的像素被错误识别为水体的样本数量；FN（false negative）为假负例，表示图像中标注为水体的像素被错误识别为非水体的样本数量。

$F1$ 值综合了查准率和查全率，本书选用 $F1$ 值作为模型精度评价指标，指标值越高代表模型的精度越高，洪涝水体提取精度一般不低于 90%。

3.3.3　受灾体识别与灾情快速评估方法

基于无人航空器遥感影像或者高分辨率卫星遥感影像，采用深度学习技术，快速提取房屋、耕地、道路等受灾体信息；基于洪涝水体空间分布信息及洪涝淹没区受灾体背景信息，快速监测评估房屋、耕地、道路等受灾体的位置、数量、面积等，为防灾减灾提供灾情信息。

1. 基于深度学习的受灾体信息提取

洪涝灾害应急监测中，基础本底数据缺乏，利用灾前高分辨率遥感影像，快速获取洪涝受灾体信息至关重要。受灾体信息主要包括房屋、道路、农田、堤坝等，本书改进 UNet 卷积神经网络模型，进行受灾体信息的提取。改进的 UNet 模型如 3.3.2 节所述，基于深度学习的受灾体信息提取方法与水体提取方法类似，也包括样本准备、网络构建、模型训练、模型精度评价等环节。考虑到洪涝淹没区下垫面信息的完整性，在提取房屋、道路、农田、堤坝等受灾体信息的同时，也

同步提取林地、草地、水域及未利用地等信息。

2. 灾情快速评估算法

根据遥感监测提取的淹没范围等要素,结合淹没区内的社会经济等本底数据,构建洪涝灾情快速评估模型,评估不同淹没区域内的行政区、居民地、耕地面积,以及受淹交通道路长度、受影响人数、受影响重点单位数量等指标,从而综合分析洪水影响程度。洪涝灾情快速评估模型主要由受淹行政区面积、受淹居民地面积、受淹耕地面积、受淹交通道路长度、受影响人数、受影响重点单位数量等统计子模型组成。详细描述如下①受淹行政区、居民地、耕地面积统计:将淹没图层分别与行政区、居民地、耕地图层相叠加,得到对应受淹行政区、居民地、耕地面积等。②受影响重点单位数量统计:将淹没图层、行政区界图层和重点单位图层进行空间叠加运算,得到位于淹没区的重点单位数量、具体分布情况及其相关属性信息。③受淹交通道路长度统计:通过道路线图层与洪水图层叠加运算实现。④受影响人数统计:首先采用居民地对人口统计数据进行空间化,在这一过程中认为,人口离散地分布在该行政区域的居民地范围内,且每块居民地上人口均匀分布,采用人口密度 $d_{i,j}$ 来表征,如各行政单元受淹居民地面积用 $A_{i,j}$ 来表示,则受灾人口计算可如式(3.4)所示。

$$P_e = \sum_{i=1}^{m} \sum_{j=1}^{n} A_{i,j} \cdot d_{i,j} \tag{3.4}$$

式中,P_e 为受灾人口;m 为行政区的总个数,n 为第 i 个行政区地块的总个数;$A_{i,j}$ 为第 i 行政单元第 j 块居民地受淹面积;$d_{i,j}$ 第 i 行政单元第 j 块居民地的人口密度。

3.4 结果与分析

3.4.1 洪水特征信息提取结果

图 3.7 为 7 月 15 日永修县三角联圩无人机遥感影像,从影像中可以发现,溃口一处位于三角联圩堤坝杨董段,溃口宽约 132 m,图 3.8 为溃口位置局部放大图。采用前述深度学习水体提取方法,提取了洪涝淹没范围,如图 3.9 所示。监测结果表明,监测范围内受淹总面积为 15.95 km^2,涉及永修县、新建区两个县级行政区。

图 3.7　2020 年 7 月 15 日永修县三角联圩局部淹没区无人机遥感影像图

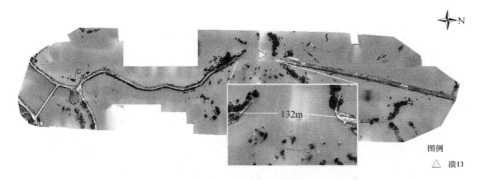

图 3.8　2020 年 7 月 15 日永修县三角联圩杨董段溃口无人机遥感影像图

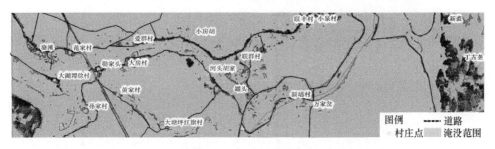

图 3.9　2020 年 7 月 15 日永修县三角联圩局部淹没区无人机遥感监测专题图

3.4.2　受灾体信息提取结果

为了快速获取受灾体信息，本书收集了灾前 2015 年高分辨率卫星遥感影像（图 3.10），并采用深度学习技术，提取了洪涝受淹区受灾体，如图 3.11 所示。

3.4.3　灾情快速评估结果

基于无人机监测洪涝淹没范围以及灾前高分卫星遥感监测受灾体信息，评估

图 3.10　2015 年 11 月 10 日永修县三角联圩局部高分卫星遥感影像图

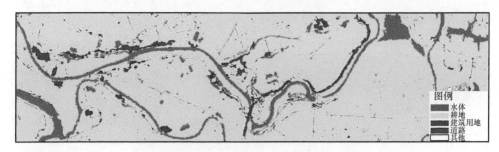

图 3.11　永修县三角联圩局部土地利用专题图

洪涝灾情如下：监测范围内受淹总面积为 15.95 km²，涉及永修县、新建区两个县级行政区。其中，永修县：受淹总面积 10.89 km²，受淹耕地 9.19 km²，受淹建设用地 0.19 km²，受淹公路 16.35 km，受淹村庄 9 个；新建区：受淹总面积 5.06 km²，受淹耕地 4.34 km²，受淹建设用地 0.01 km²，受淹公路 3.89 km，受淹村庄 4 个（表 3.5）。

表 3.5　无人机遥感洪涝灾害影响评估统计表

县（区）名称	受淹面积			受淹道路		受淹居民点
	总面积	耕地	建设用地	公路	村庄	名称
	/km	/km	/km	/km	/个	
新建区	5.06	4.34	0.01	3.89	4	居民点：九十九凹、丁古垄、新裘、万家岔
永修县	10.89	9.19	0.19	16.35	9	居民点：大塘坪红旗村、联丰村、河头胡家、新培村、罐头、小泉村、小房胡、爱群村、联群村
合计	15.95	13.53	0.2	20.24	13	

3.5　小　　结

无人航空器遥感具有机动灵活、成本低、分辨率高等优点，是卫星遥感的有力补充。高频次迅捷无人航空器区域组网遥感观测技术对于洪涝灾害应急监测具有面向用户服务、复杂环境快速起降、数据快速处理、多源组网协同和迅捷响应能力，能够支撑小时监测频次、定点长时间、短时间大面积涉水灾害监测业务。本章针对洪涝灾害监测需求，分析了洪涝灾害监测三种场景特点，设计了面向洪涝灾害应用场景的无人航空器组网遥感观测体系平台与载荷配置，构建了基于无人航空器的洪涝灾害应急监测与快速评估流程，并重点研究了流程中的基于无人航空器组网的不同场景洪水特征信息快速提取方法、基于无人航空器遥感的洪涝灾害受灾体识别与灾情快速评估方法。本章提出的流程和方法成功应用于 2020 年江西省永修县三角联圩溃堤无人机应急监测实践。

参 考 文 献

陈前, 郑利娟, 李小娟, 等. 2019. 基于深度学习的高分遥感影像水体提取模型研究. 地理与地理信息科学, 35(4): 8.

付文博, 孙涛, 梁藉, 等. 2018. 深度学习原理及应用综述. 计算机科学, 45(B06): 6.

国务院灾害调查组. 2022. 河南郑州 "7.20" 特大暴雨灾害调查报告.

黄诗峰, 马建威, 孙亚勇. 2021. 我国洪涝灾害遥感监测现状与展望. 中国水利, (15): 15-17.

科学技术部国家遥感中心. 1999. '98 中国特大洪灾遥感图集. 北京: 北京大学出版社.

鹿明, 廖小罕, 岳焕印, 等. 2019. 面向中国洪涝灾害应急监测的无人机空港布局. 地球信息科学学报, 21(6): 854-864.

马建威, 孙亚勇, 陈德清, 等. 2017. 高分三号卫星在洪涝和滑坡灾害应急监测中的应用. 航天器工程, 26(6): 161-166.

邵芸, 赵忠明, 黄富祥, 等. 2016. 天空地协同遥感监测精准应急服务体系构建与示范. 遥感学报, 20(6): 1485-1490.

孙亚勇, 黄诗峰, 马建威, 等. 2022. 无人机组网遥感观测技术在洪涝灾害应急监测中的应用研究. 中国防汛抗旱, 32(1): 90-95.

晏磊, 廖小罕, 周成虎, 等. 2019. 中国无人机遥感技术突破与产业发展综述. 地球信息科学学报, 21(4): 476-495.

杨思全, 李素菊, 吴玮, 等. 2017. 高分三号卫星减灾行业应用能力分析. 航天器工程, 26(6): 155-160.

中华人民共和国水利部. 2021. 中国水旱灾害防御公报(2020).

Albert R, Arthur T. 1974. Flood hazard studies in the mississippi river basin using remote sensing. Journal of the American Water Resources Association, 4: 1-43.

Feng W, Sui H, Huang W, et al. 2019. Water body extraction from very high-resolution remote sensing imagery using deep u-net and a superpixel-based conditional random field model. IEEE Geoscience and Remote Sensing Letters, 16(4): 618-622.

Guo H. 2020. A multi-scale water extraction convolutional neural network (MWEN)method for GaoFen-1 remote sensing images. ISPRS International Journal of GeoInformation, 9(4): 189.

Yu L, Wang Z, Tian S, et al. 2017. Convolutional neural networks for water body extraction from Landsat imagery. International Journal of Computational Intelligence and Applications, 16(1): 1750001.

Zhou Z, Rahman Siddiquee M M, Tajbakhsh N, et al. 2018. UNet++: A nested U-Net architecture for medical image segmentation//Stoyanov D, Taylor Z, Carneiro G, et al. Deep Learning in Medical Image Analysis and Multimodal Learning for Clinical Decision Support. Berlin: Springer: 3-11.

第 **4** 章

河湖富营养化无人机遥感监测

4.1 案 例 背 景

水是地球生物圈层中全部生物赖以生存发展的基石，其中内陆淡水更是人们生产生活所依靠的自然资源。富营养化是指氮、磷等营养盐和有机物大量进入水体，在适当的温度和光照下引起浮游植物的大量生长繁殖，导致生态系统原有的生物结构、机能产生失衡，水体自我调节紊乱造成水质下降的现象（金相灿和屠清英，1990；吴冰，2019）。富营养化主要受水体中水质参数成分的影响，包括总氮（TN）、总磷（TP）、化学需氧量（COD）、透明度（SD）、溶解氧（DO），以及叶绿素 a（Chl-a）等（吴冰，2019）。近几十年来，中国城镇化和工业化进程的快速发展，使一些水体直接成为工业、农业及生活废水的主要排放通道和场所，导致部分水体大面积污染，引起河湖水体富营养化。水体的富营养化可导致河道湖泊暴发大面积的藻类水华，从而引发居民饮用水安全乃至全社会生态系统的灾变。

围绕国家生态环境保护的战略要求，生态环境管理部门高度重视水体富营养化的问题。根据目前环境治理需求，富营养化水体对象主要为乡村水体与城市富营养化河湖水体。尽管政府正在努力减少周围城市废水排放和农业地表径流带来的水体富营养化问题，但目前我国水域水体富营养化监测、治理仍然形势严峻。因此，如何基于现有高科技遥感手段对富营养化水体进行实时、高时空分辨率监测是一项十分必要且紧迫的任务。

国外早在 1947 年（Hasler，1947）就开始对水体富营养化的危害进行了报道，随后国内学者饶钦止和章宗涉（1980）展开了对武汉东湖浮游植物演变规律的研究。迄今为止，关于水体富营养化的研究主要集中于以下几方面：①驱动因子分析（孔繁翔，2007；陈小锋等，2014）。②富营养化的危害分析（吴国平等，2007；Borchardt，1969）。③水质参数浓度定量分析（Némery et al.，2016；宋挺等，2017）。④富营养化程度分析（Kabenge et al.，2016；Sawyers et al.，2016）。⑤评价方法（郭成久等，2016；孔宪喻和苏荣国，2016）。现有评价方法根据监测手段不同可以分为传统监测、卫星遥感监测和无人机遥感监测三种（余祝媛，2019）。

传统的水体富营养化监测方法是指首先进行现场采样、实验室分析，在此基础上通过各种评价方法对富营养化状况进行评价，评价方法主要包括：营养状态指数法、特征法、参数法、生物指标评价法、磷收支模型法、数学分析法等（黄启会，2019）。此类定点观测方法的优势在于能够对富营养化状况进行精确的分析与评价，但仅适用于小尺度且相对稳定的水体环境，无法实现高频次大尺度水体营养状态信息获取，不能很好地满足对复杂和快速动态变化的城市水体进行整体评价的要求（Mouw et al.，2015）。

根据参与富营养化评估的水质参数的不同，可以将现有基于卫星遥感的水体富营养化监测方法分为两大类：单因子评价方法和多参数评价方法。关于水体富营养化的研究开始于1980年，当时国内外主要采用单一指标对水体的富营养化进行评价，主要包括：单因子法、富营养指数（EI）法、营养状态质量指数（NQI）法（陈于望，1987；邹景忠等，1983）等。然而，基于单因子的水体富营养化评价并不全面，因此研究人员基于以上基础算法开始将富营养化参数问题更加综合化，发展了多参数富营养化评价方法（Thiemann and Kaufmann，2000），使得参考因素更加多元化（吴在兴，2013）。基于多参数富营养化的评价方法是通过实测数据与遥感数据的相关性建立水质参数反演模型（李嘉皓等，2022），并依据一定的评价方法对水体富营养化进行分级。现有使用较为广泛的多参数方法主要有以下几种：①评分法（赵秀春和孟春霞，2008；刘静，2020），该方法是根据 TP 浓度、TN 浓度、Chl-a 浓度、COD_{Mn} 浓度、SD，将水质浓度通过一定的赋分标准和取大小原则转换为赋分值，按照等级标准来判断湖泊富营养化程度（乐成峰等，2008；朱利等，2010）。②卡尔森营养状态指数（TSI）法（李云梅等，2006；白瑞，2019；苏豪，2020），随着研究的不断深入，有学者又提出了修正的卡尔森营养状态指数法（TSIM），并将该评价方法应用于不同的河湖水体富营养化评价中（段洪涛等，2006；张囡囡和臧淑英，2012；徐祎凡等，2014；高珊珊等，2020）。③综合营养状态指数（TLI）法（何红曼等，2013；毛星等，2018；崔志杰等，2021；

赵玥和景连东，2021）。虽然基于卫星遥感的水体富营养化研究已经取得了较好的效果，能够较为准确地评价富营养化水体并对其进行分级，但也不免存在以下问题（胡义强等，2022）：①现有卫星遥感的空间分辨率不足以用于反演一些小微水体（如池塘养殖等）的营养状态。②卫星影像常受到云层遮挡的影响，而且卫星影像成像时间与实测水样时间往往存在差异，导致水质反演模型不能很好地反映真实的水体营养状态。③由于气溶胶光学厚度数据不易精确获取，因此基于卫星遥感的富营养化监测过程中大气校正存在困难。

近年来，无人机在遥感领域的应用也在逐步发展，作为一种新型的低空遥感平台，它携带方便、起降灵活，不受定位和时间限制，弥补了卫星遥感存在的重访周期长、影像分辨率低、易受云层影响和成本高等不足。因此，基于无人机遥感的水体富营养化研究是今后水质监测的一种重要技术手段。常婧婕等（2020）通过实验证实，基于无人机获取的高光谱数据对叶绿素浓度、悬浮物浓度、TN 浓度和 TP 浓度等参数的反演结果和水质常规检测结果的一致性较高，使得水质监测成为无人机成像设备的应用研究热点领域之一。此外，Sheng 等（2021）指出，无人机遥感对水资源管理具有较好的适用性，其最大优势是能够查看指标的整体空间分布，而不是点尺度的测量（Sheng et al.，2021）。之后，胡义强等（2022）针对广西茅尾海入海河口池塘养殖污染问题，利用无人机多光谱遥感影像和实测水质数据之间的相关性，建立了反映水体营养状态的 Chl-a 浓度、COD 浓度、悬浮物浓度、TN 浓度、TP 浓度 5 种水质参数反演模型，并利用湖泊综合营养状态指数法对水体富营养化状态进行了评价。但总体而言，基于无人机遥感的水体富营养化研究目前还处于初步尝试阶段。

4.2　研究区与试验方案

4.2.1　研究区概况

本案例选取山东省青岛市内多处河道作为研究区，研究区位于山东半岛南部，地理位置为 119°30′～121°00′E，35°35′～37°09′N，东、南濒临黄海，青岛市是中国北方典型的海岸带城市之一。区内属温带季风气候，雨水适中，夏季的相对湿度最大，其冬季受蒙古高压控制，气候寒冷干燥，夏季受大陆热低压和西太平洋负高压影响，气候炎热多雨。根据青岛市 2020 年气象统计数据，年平均气温在

12.5～15.0℃，降水量在 400～700 mm。青岛市内的河道分布较为密集，整体水量丰富，主要可以分为楼山河、李村河、海泊河、团河、麦岛、白沙河、黄岛及大福岛 8 个流域。河道整体长度短、坡度大，便于其雨季快速排水，但枯水期时无法保障水源，底部易出现淤泥，水体富营养化严重。

4.2.2　无人机遥感平台与载荷配置

在本案例中使用了 DJI M300 RTK 多旋翼无人机搭载 MS600 Pro 多光谱相机组成的遥感观测系统，如图 4.1 所示，其中，DJI M300 RTK 多旋翼无人机采用四旋翼结构，单架次最大航时可达 55 min，且标配 6 向避障系统，保证飞行安全；搭配的地面站控制软件 Pilot 可实现 DJI M300 RTK 无人机的简易、安全操作，在进行航线规划与数据采集时，仅需设定飞行参数，地面站软件即可自动完成航线规划。多光谱载荷 MS600 Pro 具有蓝、绿、红、双红边与近红外波段共 6 个 120 万像素的多光谱镜头，波段范围覆盖 400～1000 nm，可对水体受损状态以及水域场景中的岸线植被生长覆盖状态进行全方位、精细化监测；同时，MS600 Pro 多光谱相机无须独立操作，使用 DJI M300 RTK 配套的 Pilot 地面站控制软件即可完成相机状态监控与参数设置，提升多光谱遥感系统的一体化控制性能，为富营养化水体监测提供有力的硬件支持。整个遥感观测系统的续航时间可达 35 min，单架次可完成 5 km 的河道数据采集任务。

图 4.1　DJI M300 RTK+MS600 Pro 多光谱相机

基于此种飞行平台与多光谱载荷的配置策略，DJI M300 RTK+MS600 Pro 可适应多种空间尺度的河道或广域水体岸线监测。对于分布于河道中的富营养化水体，该系统可使用带状航线模式进行长距离河道的数据采集工作；而对于大面积湖库水体或密集分布的河网、养殖池中的富营养化水体，也可使用面状航线模式进行区域性的航线整体规划。对于不同宽度、不同长度的河道富营养化水体的监测任务，DJI M300 RTK+MS600 Pro 作业效率如表 4.1。

表 4.1　DJI M300 RTK+MS600 Pro 作业效率表

航线类型	航高/m	地面空间分辨率/cm	作业长度（单架次）/km	备注
带状航线	80	5.7	6.3	适应河宽 20 m
	120	8.6	5.9	适应河宽 40 m
	200	14.4	5.2	适应河宽 80 m
	300	21.6	4.8	适应河宽 120 m

注：带状航线设计中，航高=2×目标宽度+（30～80 m），目标宽度越大，增加值越大。

4.2.3　数据获取与预处理

1. 样点数据获取

在青岛市多处河段开展了河道富营养化水体监测任务，河段密集布点，旨在准确获取不同河道的水体富营养化情况，并结合地面水样实测数据进行河道内全部水体富营养化情况的量化分级，为河道生态状况评估与治理提供科学参考。部分河道实测采样点如图 4.2 所示。

通过 GPS 定位到已经布设好的野外采样点，采集河道中目标点位的表层水样，使用便携式仪器现场测定采样点水体的透明度、溶解氧含量和氧化还原电位，并带回水体样本在实验室进行相关水质参数的测定，如叶绿素含量和氨氮含量等，如图 4.3 所示。其中，氨氮含量采用氨氮测定试剂盒比色卡法进行测量；叶绿素含量采用分光光度计法测定。水质参数获取与测定的部分环节如图 4.3 所示。

2. 无人机数据获取

在无人机地面平台中对拍摄区域进行航线规划，设置飞行高度为 150 m，航向重叠为 80%，旁向重叠为 70%，信息设置完毕后将航线录入无人机空中控制系统中开始进行拍摄。无人机在飞行过程中通过无线传输实时地将飞行数据图传到

图 4.2　部分河道实测采样点（红色圆点为采样点）

(a)氧化还原电位测定　　　　　　　　　　(b)溶解氧含量测定

(c)透明度测定　　　　　　　　　　　　　(d)水样

图 4.3　水质参数获取与测定

无人机地面平台，飞手在地面实时监测无人机的飞行状态，必要时刻可以进行手动干预，无特殊情况，等待无人机在目标点位降落完成拍摄任务，如图 4.4 所示。拍摄任务结束后在地面工作站对获取的原始数据进行图像预处理工作，这部分主要包括波段配准、图像拼接及反射率校正，经过处理后的部分河道数据如图 4.5 所示。

(a)无人机调试　　　　　　　　　　(b)河道巡检作业

图 4.4　飞行实验

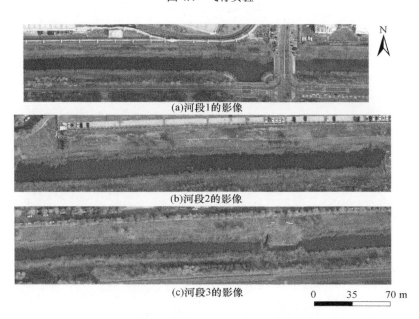

(a)河段1的影像

(b)河段2的影像

(c)河段3的影像

图 4.5　预处理后影像（多波段合成，真彩色显示）

4.3　监测流程与算法

本案例设计水体富营养化监测流程如图 4.6 所示。

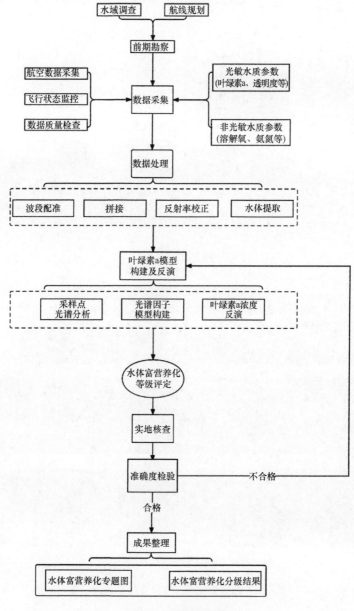

图 4.6　监测流程图

4.3.1 河道水体提取与叶绿素（Chl-a）浓度反演模型构建

为准确提取河道水体信息，本研究使用归一化水体指数（normalized difference water index，NDWI）在软件中提取水陆边界线，将水体和陆地分开，剔除掉不需要的陆地部分，如图 4.7 所示。然后基于无人机遥感光谱数据与水体采样实测数据构建 Chl-a 浓度反演模型，具体步骤如下。

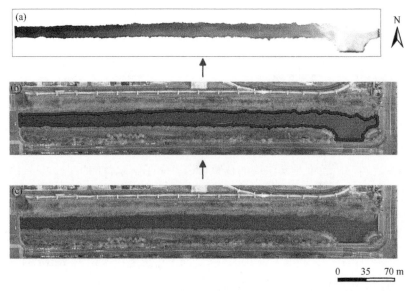

图 4.7　水体提取

（a）河段 1 的影像；（b）河段 1 的水面线；（c）河段 1 水体影像

1. 光谱因子模型构建

本次使用的无人机多光谱镜头共有 5 个波段，为消除水表面的光滑度和降低其他背景信息的干扰，这里将两种或两种以上的波段进行多样化的组合，参考相关文献（毛星等，2018；谢婷婷等，2020；黄启会，2019）中已有的一些波段组合，下面定义了四种光谱因子形式，公式为

$$\mathrm{SF}\left(b_j, b_k\right) = b_j - b_k \tag{4.1}$$

$$\mathrm{RF}\left(b_j, b_k\right) = b_j / b_k \tag{4.2}$$

$$\mathrm{SRPF}\left(b_j, b_k\right) = \left(b_j - b_k\right) / \left(b_j + b_k\right) \tag{4.3}$$

$$\text{BSRPF}\left(b_j, b_k, b_m\right) = \left(b_j^{-1} - b_k^{-1}\right)b_m \tag{4.4}$$

式中，j、k、m 表示多光谱无人机的波段号（B 至 NIR）；b_j、b_k、b_m 表示对应的波段值；SF 为差值因子；RF 为比值因子；SRPF 为归一化因子；BSRPF 为三波段因子。

2. 最优光谱因子模型筛选

最优光谱因子的筛选就是利用上面定义的四个光谱因子形式，通过对实测河道水体的 Chl-a 浓度与使用枚举法遍历出的所有光谱因子进行相关性分析，找出与 Chl-a 浓度最为敏感的光谱因子构建其反演模型。

4.3.2 水体富营养化等级评定

水体中的光敏活性物质对太阳辐射进行吸收或散射产生了水体的光谱特征，Chl-a 是众多光敏活性物质中的一个，其也是内陆湖泊河道水体富营养化遥感反演的重要参数之一，通过对其浓度的估算可以基本了解水体的生态信息。因此，前面通过对实测的水体 Chl-a 浓度和对应遥感图像中的光谱特征建立数学统计模型，以反演图像上不同位置的 Chl-a 浓度，从而为后续水质评价提供数据支撑。

目前，国内湖泊使用最多的水体富营养化评价方法主要有 TSI、TSIM、TLI 方法（吴冰，2019；余祝媛，2019）。由于 TLI 方法是在 TSI 和 TSIM 的方法上逐渐发展完善的，因此在本研究中选用现阶段使用较为广泛且效果更好的 TLI 方法对青岛市某地水体的富营养化进行评价，在此次研究中选取 Chl-a 作为富营养化评价的主要指标。具体做法为：首先，基于无人机多光谱和实测数据建立 Chl-a 反演模型，并对研究区的水体 Chl-a 浓度进行反演。其次，使用 TLI 方法对研究区水体的富营养化进行分级。TLI 方法是由 TSI 方法衍生过来的，以 Chl-a 的状态指数为基准，因此 TLI 的公式如下：

$$\text{TLI}(\Sigma) = \sum_{j=1}^{m} W_j \times \text{TLI}(j) \tag{4.5}$$

$$W_j = \frac{R_{ij}^2}{\sum\limits_{j=1}^{m} R_{ij}^2} \tag{4.6}$$

式中，$\text{TLI}(\Sigma)$ 为综合营养状态指数；W_j 为第 j 种参数的营养状态指数的相关权重；TLI(j) 为第 j 种参数的营养状态指数，所有参数都以 Chl-a 作为基准参数；R_{ij}^2 为第 j 种参数与基准参数 Chl-a 浓度的相关系数；m 为评价参数的个数。由于本研究仅通过 Chl-a 浓度作为富营养化的评判参数，所以式（4.5）和式（4.6）中 Chl-a 浓度的权重为 1。

营养状态指数具体计算公式如下所示，其中，Chl-a 浓度单位为 μg/L。分级方法为采用 0～100 连续数字对水质进行营养状态划分，如表 4.2 所示。

$$TLI(Chl\text{-}a) = 10\big[2.5 + 1.086\ln(Chl\text{-}a)\big] \qquad (4.7)$$

表 4.2 水质营养状态划分

TLI(Σ)	湖泊状态
$0 \leqslant$ TLI(Σ) <30	贫营养
$30 \leqslant$ TLI(Σ) $\leqslant 50$	中营养
TLI(Σ) >50	富营养
$50<$ TLI(Σ) $\leqslant 60$	轻度富营养
$60<$ TLI(Σ) $\leqslant 70$	中度富营养
TLI(Σ) >70	重度富营养

4.4 结 果 分 析

4.4.1 水体 Chl-a 浓度反演结果

各种参数组合形式中与 Chl-a 浓度定量关系最好的模型如表 4.3 所示。从表 4.3 中可见，R_{rs}（720）/R_{rs}（660）作为反演因子构建的波段比值模型拟合效果最好，多个河段数据整合后建模的决定系数可以达到 0.81，模型表达式如表 4.3 所示。散点图如图 4.8 所示。

表 4.3 光谱因子模型及表达式

光谱因子模型	模型表达式	R^2	RMSE	MRE
$x=R_{rs}(660)-R_{rs}(720)$	$y=0.4041x^{0.3064}$	0.73	0.45	0.48
$x=R_{rs}(720)/R_{rs}(660)$	$y=0.9593e^{0.0056x}$	0.81	0.26	0.25
$x=[R_{rs}(660)-R_{rs}(720)]/[R_{rs}(660)+R_{rs}(720)]$	$y=0.0091x+0.7262$	0.76	0.35	0.38
$x=[1/R_{rs}(660)-1/R_{rs}(720)]\times R_{rs}(555)$	$y=0.0085x+9.1887$	0.23	0.36	0.31

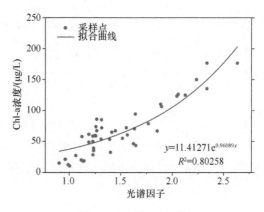

图 4.8 模型拟合效果

将无人机多光谱反射率与国际海洋水色协调工作组（IOCCG）报告 3 （Sathyendranath，2000）中的样例光谱进行比较，如图 4.9 所示。可以看到，采样点水体受河道中的 CDOM（有色可溶性有机物）和较高浓度的 Chl-a 强吸收作用影响，在蓝光波段和近红外波段的遥感反射率都处于较低的水平，从整体的遥感反射率看，河道水体的遥感反射率要略高于 IOCCG 报告 3 中的样例水体反射率；从波形上看，河道水体呈现绿波段和红边波段反射率高、蓝红和近红波段反射率低的现象，与 IOCCG 报告 3 中的 c 类型水体较为相似，有典型的二类水体特征，这种类型的水体常年分布在水深较浅、水体透明度较差的海岸带与河道或湖泊等近岸和内陆水体中。蓝波段处于波谷是因为有 Chl-a 和黄色物质的强吸收作用，绿波段出现反射峰是由 Chl-a 的弱吸收和细胞的散射作用共同造成的，在红波段

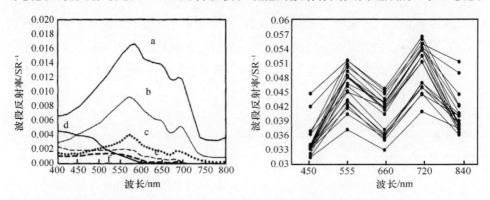

图 4.9 IOCCG 报告 3 样例光谱（左）与河段采样点光谱（右）

左图中 a 表示极高泥沙含量和黄色物质浓度的水体；b 表示高泥沙含量和黄色物质浓度的水体；c 表示中等泥沙含量和黄色物质浓度（含浮游植物）的水体；d 表示清澈水体；e 表示中等叶绿素和泥沙含量的水体；f 表示中等叶绿素含量的水体

有着 Chl-a 的强吸收作用，导致此处位于波谷位置，而紧随红波段后会形成一个明显的反射峰，这个反射峰由吸收、后向散射以及 Chl-a 荧光共同控制，文献中通常说的"荧光峰红移"实际上是由浮游藻类在红光波段的强吸收作用导致的（王林等，2016），并且随着 Chl-a 浓度的增加，"红移"现象变得明显。若 800 nm 左右出现小反射峰，则是因为水中悬浮物的后向散射作用，到近红外波段水体强吸收，遥感反射率下降，波形又回到谷值。红光波段吸收谷与红边波段反射峰的峰谷对比，决定了因子 R_{rs}（720）/R_{rs}（660）与 Chl-a 浓度的强相关性，进一步从理论上验证了本案例所采用最优因子的合理性与可行性。

4.4.2　水体富营养化分级评价结果

对青岛市某地河道水体的富营养化等级进行评定，结果如图 4.10 所示。为了验证监测结果的可靠性，以实测 Chl-a 的分级结果作为基准值进行验证。结果表明，河道上游有 8 个验证点位的实测数据的分级结果与 TLI 方法的分级结果一致，仅有 1 个点位出现了偏差，经过排查分析，出现偏差的原因为河道一侧种植的高大树木的阴影导致该点位在影像上的反射率异常，从而产生了偏差；对于河道下游，所有点位（12 个）的实测分级结果与 TLI 分级结果全部一致。综上所述，基于 TLI 的水体富营养化分级正确率为 95%。

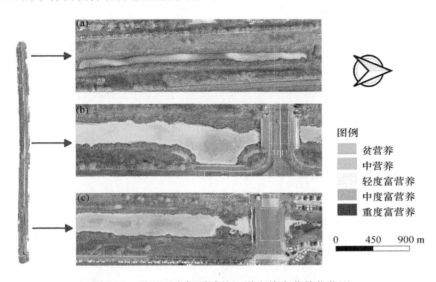

图 4.10　基于无人机遥感的河道水体富营养化监测

（a）河段 2 富营养化分级结果；（b）河段 1 富营养化分级结果；（c）河段 3 富营养化分级结果

4.5 小 结

　　基于案例分析主要可以得出以下结论：①基于无人机多光谱数据在进行 Chl-a 浓度反演时的最优波段组合为红边波段/红波段。通过分析青岛市部分河道水体光谱曲线可知，青岛市河道水体的光谱存在红移的现象，且 Chl-a 浓度越高，特征越明显。②基于 TLI 方法的水体富营养化等级评定准确性较高，并且在同一地区不同河道的监测中具有一定的可移植性。该方法可以满足水体富营养化的评定准确率需求。③基于无人机光谱遥感技术的水体富营养化监测可以满足小型水体的富营养化监测需求。

参 考 文 献

白瑞. 2019. 基于 LIBSVM 的东洞庭湖叶绿素 a 浓度反演及水体富营养状态评价. 长沙: 中南林业科技大学.

蔡辰, 王俊, 隋龙. 2022. 青岛市河道景观设计分析. 现代园艺, 45(6): 111-113.

常婧婕, 邓燕青, 陈斯芝, 等. 2020. 无人机载高光谱仪在八里湖水质监测中的应用研究. 水利科技与经济, 26(9): 6-9, 15.

陈小锋, 揣小明, 杨柳燕. 2014. 中国典型湖区湖泊富营养化现状、历史演变趋势及成因分析. 生态与农村环境学报, 30(4): 438-443.

陈于望. 1987. 厦门港海域营养状况的分析. 海洋环境科学, (3): 14-19.

崔志杰, 冯明军, 胡清, 等. 2021. 城市河流水质时空变化及富营养化评价: 以深圳河及新洲河流域为例. 绿色科技, 23(4): 1-6.

段洪涛, 于磊, 张柏, 等. 2006. 查干湖富营养化状况高光谱遥感评价研究. 环境科学学报, (7): 1219-1226.

高珊珊, 张曙光, 刘阳, 等. 2020. 奥奈达(Oneida)湖营养状态变化趋势及影响因素. 生态科学, 39(4): 26-32.

郭成久, 洪梅, 闫滨. 2016. 基于综合营养状态指数法的石佛寺水库水质富营养化评价. 沈阳农业大学学报, 47(1): 119-123.

何红曼, 米海存, 霍艾迪, 等. 2013. 西安市曲江南湖富营养化遥感监测与评价. 中国水土保持(9): 65-68.

胡义强, 杨骥, 荆文龙, 等. 2022. 茅尾海入海河口池塘养殖污染状况遥感调查. 测绘通报, (7): 12-17, 53.

黄启会. 2019. 基于遥感技术的湖泊水质叶绿素 a 浓度监测及富营养化评价研究. 贵阳: 贵州师范大学.

金相灿, 屠清英. 1990. 湖泊富营养调查规范. 北京: 中国环境科学出版社.

孔繁翔. 2007. 孔繁翔: 太湖水危机的警示. 中国科学院院刊, (4): 267-268.

孔宪喻, 苏荣国. 2016. 基于支持向量机的黄东海富营养化快速评价技术. 中国环境科学, 36(1): 143-148.

乐成峰, 李云梅, 查勇, 等. 2008. 真光层深度的遥感反演及其在富营养化评价中的应用. 生态学报, (6): 2614-2621.

李嘉皓, 田波, 曹芳, 等. 2022. 上海城市水体富营养化关键参量的遥感反演与时序分析. 华东师范大学学报(自然科学版), (1): 135-147.

李云梅, 黄家柱, 韦玉春, 等. 2006. 湖泊富营养化状态的地面高光谱遥感评价. 环境科学, (9): 1770-1775.

刘静. 2020. 鄱阳湖水质参数遥感反演及富营养化评价. 赣州: 江西理工大学.

毛星, 徐希涛, 梁艳, 等. 2018. 阳宗海叶绿素a浓度遥感反演及富营养化评价. 河北工程大学学报(自然科学版), 35(4): 66-69.

饶钦止, 章宗涉. 1980. 武汉东湖浮游植物的演变(1956-1975年)和富营养化问题. 水生生物学集刊, (1): 1-17.

宋挺, 周文鳞, 刘军志, 等. 2017. 利用高光谱反演模型评估太湖水体叶绿素a浓度分布. 环境科学学报, 37(3): 888-899.

苏豪. 2020. 基于高光谱数据的水体富营养化遥感监测技术研究. 哈尔滨: 黑龙江大学.

王丽艳, 李畅游, 孙标. 2014. 基于MODIS数据遥感反演呼伦湖水体总磷浓度及富营养化状态评价. 环境工程学报, 8(12): 5527-5534.

王林, 丘仲锋, 陈艳拢, 等. 2016. 赤潮水体红光波段反射光谱的模拟及形成机理. 海洋与湖沼, 47(2): 303-309.

吴冰. 2019. 渤黄海水体富营养化遥感探测. 北京: 中国地质大学.

吴国平, 郑丰, 涂建峰. 2007. 湖泊富营养化危害机理研究. 水利水电快报, (12): 4-5.

吴在兴. 2013. 我国典型海域富营养化特征、评价方法及其应用. 青岛: 中国科学院研究生院(海洋研究所).

谢婷婷, 陈芸芝, 卢文芳. 2020. 基于三波段生物光学模型反演闽江下游叶绿素a. 激光与光电子学进展, 57(7): 248-255.

徐祎凡, 施勇, 李云梅. 2014. 基于环境一号卫星高光谱数据的太湖富营养化遥感评价模型. 长江流域资源与环境, 23(8): 1111-1118.

余祝媛. 2019. 基于高光谱遥感的湖泊富营养化评价研究. 贵阳: 贵州师范大学.

张囡囡, 臧淑英. 2012. 扎龙湿地克钦湖富营养化状态的高光谱遥感评价. 地理科学, 32(2): 232-237.

赵秀春, 孟春霞. 2008. 青岛市部分中型水库富营养化调查及评价. 水利水电技术, (3): 6-8, 18.

赵玥, 景连东. 2021. 成都东湖水体富营养化研究. 西南民族大学学报(自然科学版), 47(1): 37-43.

朱利, 姚延娟, 吴传庆, 等. 2010. 基于环境一号卫星的内陆水体水质多光谱遥感监测. 地理与地理信息科学, 26(2): 81-84, 113.

邹景忠, 董丽萍, 秦保平. 1983. 渤海湾富营养化和赤潮问题的初步探讨. 海洋环境科学, (2): 41-54.

Béjaoui B, Armi Z, Ottaviani E, et al. 2016. Random Forest model and TRIX used in combination to assess and diagnose the trophic status of Bizerte Lagoon, southern Mediterranean. Ecological Indicators, 71: 293-301.

Borchardt J A. 1969. Eutrophication-causes and effects. Journal-American Water Works Association, 61(6): 272-275.

Bukata R. 2013. Retrospection and introspection on remote sensing of inland water quality: "Like Déjà Vu All Over Again". Journal of Great Lakes Research, 39: 2-5.

Guan Q, Feng L, Hou X, et al. 2020. Eutrophication changes in fifty large lakes on the Yangtze Plain of China derived from MERIS and OLCI observations. Remote Sensing of Environment, 246: 111890.

Hasler A D. 1947. Eutrophication of lakes by domestic drainage. Ecology, 28(4): 383-395.

Kabenge M, Wang H, Li F. 2016. Urban eutrophication and its spurring conditions in the Murchison Bay of Lake Victoria. Environmental Science and Pollution Research, 23(1): 234-241.

Mouw C B, Greb S, Aurin D, et al. 2015. Aquatic color radiometry remote sensing of coastal and inland waters: Challenges and recommendations for future satellite missions. Remote Sensing of Environment, 160: 15-30.

Némery J, Gratiot N, Doan P T K, et al. 2016. Carbon, nitrogen, phosphorus, and sediment sources and retention in a small eutrophic tropical reservoir. Aquatic Sciences, 78(1): 171-189.

Sathyendranath S. 2000. Remote Sensing of Ocean Colour in Coastal, and Other Optically-complex, Waters. Italy: IOCCG Report Number 3.

Sawyers J E, McNaught A S, King D K. 2016. Recent and historic eutrophication of an island lake in northern Lake Michigan, USA. Journal of Paleolimnology, 55(2): 97-112.

Sheng L Y, Azhari A W, Ibrahim A H. 2021. Unmanned aerial vehicle for eutrophication process monitoring in Timah Tasoh Dam, Perlis, Malaysia. IOP Conference Series: Earth and Environmental Science, 646(1): 012057.

Thiemann S, Kaufmann H. 2000. Determination of chlorophyll content and trophic state of lakes using field spectrometer and IRS-1C satellite data in the mecklenburg lake district, Germany. Remote Sensing of Environment, 73(2): 227-235.

第 5 章

盐碱地土地质量无人机遥感监测

5.1 案 例 背 景

黄河三角洲地区是黄河泥沙在渤海凹陷处沉积形成的冲积平原，位于黄蓝两大国家战略重叠地带，是我国东部沿海后备土地资源最富集、人均土地最多、开发潜力巨大的地区。由于该地区特殊的沉积环境、土壤母质和气候条件，原生盐渍化土壤在区域内广泛分布。相关研究表明，该地区超过一半的土地为不同程度的盐渍化土壤。此外，伴随着当地农业的不断发展、水库的修建、重灌轻排的长期农业耕作方式，地下水埋深浅且矿化度高，使得黄河三角洲土壤次生盐渍化情况日益加剧。受到土壤盐渍化的影响，该区域的植被生境和多种珍稀的野生动物栖息地遭到威胁，生态系统发生退化。土壤盐渍化已成为黄河三角洲地区生态系统和农业可持续发展亟须解决的关键环境问题（关元秀等，2001；范晓梅等，2010）。因此，对该区域的土壤盐分及综合属性进行快速诊断，制定土壤改良方法和及时调控作物生长管理措施，对提高土地利用、经济效益和生态价值具有重要的现实意义。

优化农业管理措施是改善大面积盐碱地土壤质量的重要途径之一，其中高效、可持续的灌溉和施肥是农业管理的重点内容（Che et al.，2021；Zhu K et al.，2021）。在农业施肥管理中，施加有机肥和氮肥是改善土壤质量的常用方式。有机肥或改良剂能显著改善土壤结构和土壤持水能力，因为改良剂中的有机碳起到黏结剂的作用，可以将泥沙和黏土颗粒结合在一起形成微团聚体（Chen et al.，2021；Zhang et al.，2021）。然而，土壤中的盐分会对土壤有机碳含量产生不利影响，同时也会由于钠含量过高，作物对钾、磷和其他必需元素的吸收减少（Gong et al.，2021；

Wong et al.，2010）。

适量施加氮肥能有效提升作物的叶片面积和叶绿素含量，延缓叶片衰老，从而促进作物的光合作用并增加干物质的积累（Fu et al.，2021）。相关研究表明，氮是影响沿海地区农田生态系统生产力的关键限制性因素（Guan et al.，2021），沿海地区的含盐量高，会导致大量的硝态氮淋溶与流失（García-Caparrós et al.，2017），限制硝化过程并增加氨气的挥发，从而阻碍作物根系对土壤中氮元素的吸收，进而影响作物的生长发育（Zhu H et al.，2020）。然而，过量施加氮肥并不是一项可取的措施，因为过量的氮肥会通过向土壤溶液释放更多的盐基阳离子来加剧环境污染和土壤盐碱化（Che et al.，2021）。因此，为实现滨海盐碱地农业的可持续性发展，需要对该区域土壤综合属性进行精确的诊断。

传统的大面积地面土壤质量调查是最为精确的方式，但是需要耗费大量的人力、财力和时间。遥感图像和相关产品可以提供快速、非破坏性的大面积农田信息，近年来成为一项重要的土壤质量调查手段（Nouri et al.，2018；Sishodia et al.，2020）。卫星遥感具有覆盖面积大的特点，但是时空分辨率较为粗糙，且容易受到天气条件的限制。无人机等近地面遥感平台则具有高度的灵活性，可获取具有较高空间和时间分辨率的遥感图像，成为遥感家族重要的新兴成员。

近年来，已有部分研究结合无人机和卫星遥感平台，对大面积土壤的属性进行了监测与诊断（Ma et al.，2020；Wang et al.，2020）。这些研究通常结合无人机遥感的高空间分辨率和卫星遥感大面积监测的优势，以实现土壤属性的大面积精准监测。常用方法是通过对小面积样地的土壤进行采样，并进行与采样面积相对应的无人机低空遥感观测，由此建立土壤属性与无人机遥感指标（如光谱指数和冠层纹理指数）之间的经验回归关系，从而构建基于无人机遥感信息的土壤属性经验估算模型。需要注意的是，此类研究通常是假设基于无人机遥感数据建立的模型比基于卫星遥感数据建立的模型精度更高，因为无人机遥感图像具有更高的空间分辨率，而空间分辨率越高则可提供越为精确的信息，减少混合像元造成的不确定性，从而实现更为精准的估算。模型建立后，将这些基于无人机遥感尺度的经验模型应用于卫星遥感尺度，即实现大面积的区域遥感观测（Zhang and Zhao，2019）。但是，该类研究也存在一些明显问题，其中最为重要的一点是，基于遥感数据建立的经验回归模型对模型输入数据具有高度的依赖性，即模型的泛化能力较差。由于卫星与无人机平台搭载的传感器具有不同的光谱通道和空间分辨率，如中心波长和波段宽度、信噪比等不同，故而不同的平台和传感器获取到的遥感信息可能会存在显著的差异（Soudani et al.，2006），这将给估算带来许多的不确定性。本章将介绍一种新的融合卫星与无人机遥感数据的技术，实现两者的优势互补，对土壤盐分、养分等综合属性进行精确的监测与诊断。

根据传感器的探测方法和光谱通道，可以将遥感分为不同类型，通常可以划分为光学、热红外和微波遥感（Dong et al.，2020；Zhu L et al.，2021）。在农业遥感应用领域，土壤盐分与肥力监测常采用高光谱或多光谱传感器（Hu et al.，2019）；而土壤墒情则常采用热红外、合成孔径雷达、微波等多源遥感技术（Dong et al.，2020；Qiu et al.，2019）。其中，光学遥感能获取较宽波段范围的地面遥感特征，具有丰富的信息量，且相比于微波遥感，光学遥感图像的空间分辨率较高，能更好地反映土壤的空间异质性，这对于监测滨海盐碱地的土壤斑块化特征具有重要意义。但是，受到无人机承载能力、电池续航能力和作业成本等的限制，高光谱传感器虽然可获取大量农情信息，但并不适宜农业实践生产活动。机载多光谱相机通常具有 3～6 个光谱通道，体积小且质量轻；有些相机的波段设计会根据特定的应用目标进行修改，具有较强的针对性，近年来被广泛应用于各种近地面监测与实践中。

目前，光学遥感已广泛应用于土壤盐分和肥力的监测，如 Guo 等（2020）的研究利用无人机多光谱遥感图像，结合多种机器学习算法，实现对油菜田土壤有机碳的精确估算。在光学遥感领域，分析无植被覆盖的裸土反射率是对土壤特征进行诊断与分析的最直接方法。这种方法较多使用高光谱遥感设备，更多地关注对土壤属性敏感波段的筛选，从而构建更加精准的土壤属性诊断模型。例如，Weng 等（2010）的研究利用 EO-1 Hyperion 高光谱数据，建立了不同的光谱指数，以确定适用于黄河三角洲地区土壤盐分诊断的光谱指标。

然而，大多数地表都被植被所覆盖。作物长势会受到土壤理化性质的影响，产生不同的植物表型，进而影响光谱反射率（Chen et al.，2015；Khadim et al.，2019），因此，植被可能成为土壤属性特征的一个"放大器"。例如，缺氮会导致作物叶片衰老的加速，从而降低作物的光合速率（Ayub et al.，2021），改变作物的光谱反射特征。相比于直接测量土壤属性，第二种方式是一种间接的方法，即采用有植被覆盖的农田，建立植被光谱信息和土壤性质之间的关系（Chi et al.，2018；Xu et al.，2020）。例如，在 Zhu K 等（2020，2021）的研究中，设立了不同的盐分梯度试验，利用地面高光谱相机获取了山东禹城地区冬小麦遥感图像，以确定不同土壤盐分水平引起的小麦气孔和光合速率差异；Song 等（2016）的研究将 Landsat 卫星的热红外、可见光产品和数字高程影像相结合以绘制土壤盐分图，并评估了地表植被覆盖情况下的土壤盐分诊断精度。然而，目前还较为缺乏基于土壤（直接方法）和基于植被（间接方法）的土壤属性诊断方式的精度对比研究。

光谱指数（或者称为植被指数）是按照一定的数学规则，将不同波段的反射率进行运算，获得对特定植被特征更为敏感的遥感指标（de Almeida et al.，2019；Zhu W et al.，2020）。除光谱反射率外，由于无人机遥感图像具有高空间分辨率，可通过不同尺寸的滑动窗口进行计算获得地表纹理信息。纹理特征可以反映区域像元的空间分布特征，常用于地物的分类。但是，目前已有研究将纹理属性应用于作物生长监测，且获得了较高的精度（Yue et al.，2019）。另外，常用的无人机多光谱传感器通常只有数个波段，比一些卫星的波段更少（如哨兵 2 号具有 13 个波段）。因此，为了融合无人机图像的高空间分辨率和卫星图像的丰富光谱信息优势，本章的案例研究将无人机纹理和卫星光谱信息整合起来，用于土壤肥力和盐度的综合监测与诊断（Zhu et al.，2021a）。具体探索以下两个科学研究问题：①对比分析基于裸土反射率和植被反射率建立的遥感模型的土壤监测诊断精度，确定更优的监测方法。②哨兵 2 号卫星光谱信息和无人机遥感纹理信息的融合是否能提高对土壤综合属性的诊断精度？

5.2 研究区与试验方案

5.2.1 研究区概况

研究区域位于山东省东营市垦利区东部，中国科学院地理科学与资源研究所黄河三角洲研究中心 [图 5.1（a）]。该区域位于黄河以南，东部和北部皆临渤海，属于暖温带大陆性季风气候，表现为冬冷夏热、四季分明的特点。根据东营市 2019 年气象统计数据，其年平均气温约为 12.5℃，年平均降水量约为 556 mm。降水量呈现出夏季降水集中、冬季降水稀少的特点；夏季降水约占全年降水量的 65.60%，而冬季降水仅占全年降水量的 3.70%。

无人机遥感作业区域和土壤样本采集点的分布如图 5.1（b）所示，位于中国科学院地理科学与资源研究所黄河三角洲研究中心试验田。试验田面积约为 400 hm^2，呈条带状分布。条形农田宽约为 50 m，长约为 1200 m。部分区域为新开垦农田，基础设施条件良好；条形农田之间均布设有沟渠用于旱季灌溉和雨季排洪，以保证作物整个生育期内的蓄水和排水要求。该地区距离黄河入海口较近，约为 20 km，距离渤海直线距离约 10 km，地势低平，面积广阔，土壤呈现严重的盐碱化分布特征，且具有显著的水平空间异质性，因此作物长势存在显著差异。作业区内种植的作物以玉米和高粱为主，兼种有大豆、燕麦、油菜、南瓜、西瓜、葡萄等农作物和经济作物［图 5.1（b）］，种植制度为一年一熟。

　　本研究选取种植面积最大的高粱和玉米农田为研究对象，对该区域的土壤性质进行诊断。试验田中玉米播种时间为 5 月中旬，高粱为 5 月底。农田均采用大型机械进行统一的旋耕、播种和施肥，农业耕作管理措施（除草、排水等）保持一致。

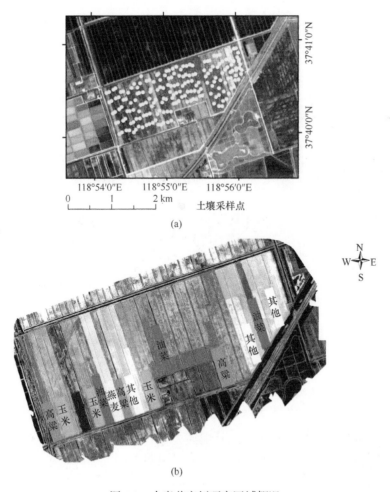

图 5.1　本章节案例研究区域概况

5.2.2　无人机遥感平台与载荷配置

地面采样和无人机遥感飞行试验时间为 2019 年 8 月。由于受到环境胁迫的影响，各作物植株较正常农田的植株更为矮小，且呈现出部分植株叶片泛黄的特点。本试验采用 eBee Ag 农用固定翼专业无人机遥感平台（SenseFly，洛桑，瑞士），搭载的传感器为 multiSPEC-4C 多光谱相机（SenseFly，洛桑，瑞士）（图 5.2）。该相机共四个单独的 1.2 MP 传感器，可采集四个波段数据，即绿波段、红波段、红边波段和近红外波段；四个波段的中心波长分别为 550 nm、660 nm、735 nm 和 790 nm；对应的波段宽度分别为 40 nm、40 nm、10 nm 和 40 nm。

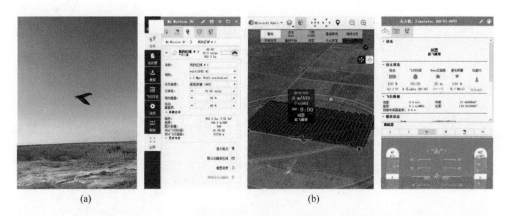

(a)　　　　　　　　　　　　　　　(b)

图 5.2　无人机数据获取基于 eBee Ag 农用固定翼专业无人机的飞行作业（a）及基于 eMotion 3 飞行控制软件的飞行路径规划（b）

由于在航拍过程中受到相机焦距和飞行高度的限制，无人机遥感系统获取的单幅图像通常无法覆盖整个研究区域，因此需要对多张影像进行拼接，从而生成全景图像。无人机数据的预处理主要包括对影像进行辐射与几何校正、配准、拼接与生成遥感正射影像。受航拍角度、辐射变化、飞行姿态等因素影响，相邻图像存在一定的差异，图像也会存在一定程度的畸变，因此需要对图像进行辐射与几何校正。图像配准是将单幅影像进行匹配与叠加的过程，是图像拼接和融合的前提。图像拼接则是将单幅影像拼接为一幅全景图像的过程。

为覆盖整个研究区域，无人机共进行三个架次飞行，飞行高度均为 150 m，飞行面积达 400 hm^2。无人机作业当日天气晴朗无云，风速较小，满足无人机飞行要求。无人机遥感作业时间集中于 10:00～14:00 光照辐射较强期间，累计飞行时长约为 1 h。在飞行前均采集白板数据，用于后期遥感正射影像的辐射校正。无人机的飞行控制软件为 eMotion 3［SenseFly，洛桑，瑞士，图 5.2（b）］。利用 Pix4D mapper 软件（Pix4D，洛桑，瑞士）对无人机图像进行辐射校正、图像拼接与正射校正，最终得到空间分辨率约为 0.15 m 的四波段反射率正射标准遥感数据产品，投影方式为 UTM/WGS84。

5.2.3　土壤数据采集与处理

地面试验与飞行试验同步进行，地面土壤采样点分布如图 5.1 所示。考虑到土壤样本的代表性与合理性，地面采样路线沿着田块进行，采样点均匀分布，覆盖全部研究地块，共计 195 个地面样点。利用 GPS 记录采样样方中心点的经纬度位置，用于后期土壤属性数据的插值处理。

试验采集了 0～10 cm 和 10～20 cm 共两个土壤层次的样品。每个土样测定五个属性指标，分别为土壤盐分含量（g/kg）、全氮含量（g/kg）、有机质含量（g/kg）、速效氮含量（mg/kg）和 pH（无量纲）。利用凯氏定氮法测量土壤全氮含量；利用重铬酸钾容量法测量土壤有机质含量；土壤速效氮含量的测定方法为碱解蒸馏法；土壤 pH 用水土比为 5∶1 的溶液测定；土壤盐分含量则采用重量法测定。为简化表述，以下用数字 1 和 2 分别代表 0～10 cm 和 10～20 cm 土层土壤指标。例如，全氮 1 则表示 0～10 cm 土层的土壤全氮含量。

选取反距离加权插值方法对土壤属性进行由点到面的空间插值，该过程在 ArcGIS 10.5 软件［美国环境系统研究所公司（ESRI），美国］中进行，得到研究区域土壤属性指标的水平空间分布信息图（图 5.3）。考虑到挑选的哨兵 2 号的 L2A 产品空间分辨率为 20 m，研究将田块都按 20 m 进行格网化，并将每个正方形小区内的土壤属性指标均值作为该样方点的土壤属性值。经过区域划分，将试验地共分为 4797 个小区，其中裸土区域包含 1182 个小区，高粱种植区域包含 1219 个小区，玉米种植区域则包含 811 个小区。这三个区域土壤属性的统计特征如图 5.4 所示。

5.2.4　卫星遥感数据及预处理

哨兵 2 号卫星搭载的传感器具有 13 个波段。考虑到不同波段的数据产品的空间分辨率稍有差异，本节研究选取了其中 10 个波段，所有波段的图像空间分辨率

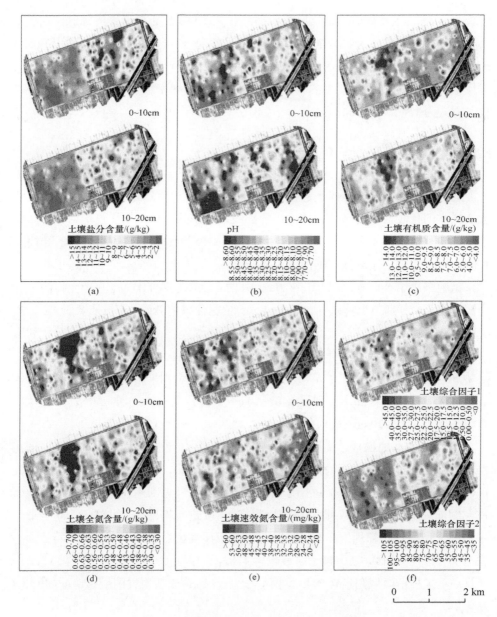

图 5.3　土壤属性指标的水平空间分布信息图

均为 20 m，包括第 2、第 3、第 4、第 5、第 6、第 7、第 8、第 8a、第 11 和第 12 波段（图 5.5）。哨兵 2 号的 L1C 数据产品从网址：https://earthexplorer.usgs.gov/ 下载获得（下载时间为 2019 年 8 月 17 日）；该 L1C 产品为经过几何校正的遥感数据产品。接着，利用 Sen2Cor（https://step.esa.int/main/snap-supported-plugins/sen2cor/）对 L1C 数据产品进行大气校正，生成卫星遥感正射影像 L2A 数据产品；L2A 数据产品用于接下来的卫星遥感信息的提取。

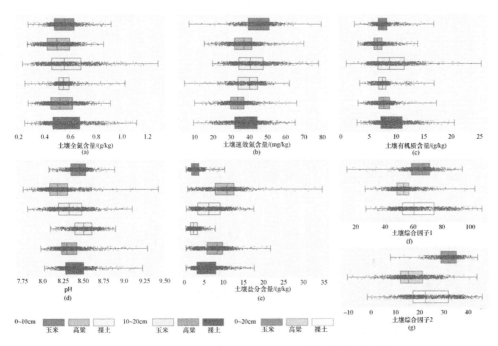

图 5.4　裸土、玉米和高粱小区内土壤属性指标的统计特征

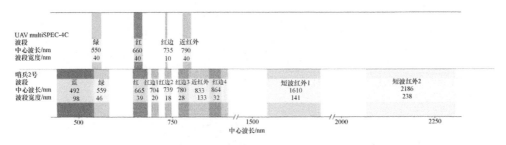

图 5.5　无人机机载 multiSPEC-4C 相机和哨兵 2 号卫星传感器光谱通道信息

5.3　监测流程与算法

本章采用的技术路线由图 5.6 所示，主要包括以下内容。

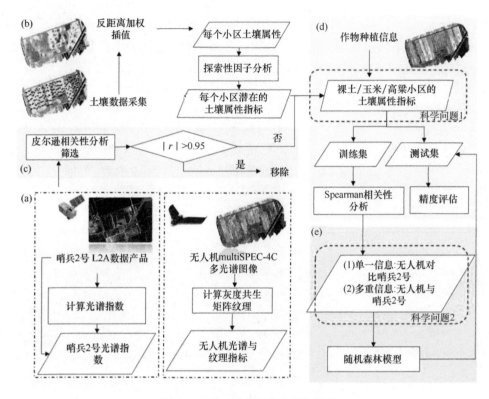

图 5.6　本章案例研究的技术路线图

5.3.1　光谱和纹理指标生成与筛选

由于无人机图像具有较高的空间分辨率，本章案例利用无人机图像生成冠层的纹理信息。冠层纹理信息的计算使用 QGIS 开源软件的 r.texture 工具，该工具利用灰度共生矩阵计算了 13 个纹理指标。其中，一阶统计量计算了 7 个纹理指标，包括总和均值（sum average，SA）、熵（entropy，Ent）、差熵（difference entropy，DE）、和熵（sum entropy，SE）、方差（variance，Var）、差方差（difference variance，DV）、和方差（sum variance，SV）。二阶统计量计算了 6 个指标，包括角度二阶矩（angular second moment，ASM）、逆差分矩（inverse difference moment，IDM）、对比度（contrast，Con）、相关性（correlation，Cor）、相关信息量（measures of correlation，MOC）和最大相关系数（maximal correlation coefficient，MCC）。由于无人机图像有四个波段，每个波段分别计算出 13 个纹理指标，因此共生成了52 个纹理指标。

遥感光谱指标包括波段反射率和光谱/植被指数（表 5.1）。由于无人机机载相机和哨兵 2 号传感器的光谱通道存在差异，因此保留了两个传感器的所有波段反射率。由于哨兵 2 号传感器的光谱通道为 10 个，多于无人机机载 MultiSPEC-4C 相机波段数目（四个波段），因此光谱指数的计算只采用哨兵 2 号的 L2A 数据。光谱指标的计算在 Python3.7 中使用 GDAL 包（https://gdal.org/download.html）和 NumPy 包（https://numpy.org/install/）进行。首先利用 GDAL 包对 GeoTiff 遥感图像进行读取，转换为数组进行数据存储；再使用 NumPy 包对每个像元进行运算，进而求得每个研究小区所有像元的遥感光谱或纹理指数的均值，用于后续分析与建模。

表 5.1　本章案例使用的光谱指数及其计算公式

类型	光谱指数及计算公式	参考文献
归一化型	$NDVI = (NIR - R)/(NIR + R)$	Yu et al.，2014
	$NDRE_{ij} = (RE_i - RE_j)/(RE_i + RE_j)$	Xie et al.，2019
	$GNDVI = (NIR - G)/(NIR + G)$	Daughtry et al.，2000
比值型	$SR = NIR/G$	Daughtry et al.，2000
	$PR_{ij} = RE_i/RE_j$	Yu et al.，2014
	$RVI = NIR/R$	Xie et al.，2019
差值型	$RD = NIR - R$	Yu et al.，2014
	$RED_i = RE_i - B$	
差值与比值混合型	$PSRI = (R - B)/RE_i$	Xu et al.，2019
	$CIG = (RE_i - G)/G$	
	$RERI_i = (RE_i - R)/NIR$	
混合型	$TCARI = 3[(RE1 - R) - 0.2(RE1 - G)(RE1/R)]$	Haboudane et al.，2004
	$OSAVI = 1.16(NIR - R)/(NIR + R + 0.16)$	
	$EVI = 2.5 [(NIR - R)/(NIR + 6R - 7.5B + 1)]$	Peng et al.，2017
	$MCARI = (RE1 - R) - 0.2(RE1 - G)(RE_1/R)$	Daughtry et al.，2000
	$RVSI = [(RE_1 + RE_3)/2] - RE_2$	de Almeida et al.，2018
	$MSR = (NIR/R - 1)/\sqrt{NIR/R - 1}$	Xie et al.，2019
	$MSRRE = (NIR/RE_2 - 1)/\sqrt{NIR/RE_1 - 1}$	Dong et al.，2019

注：哨兵 2 号的第 2、第 3、第 4、第 5、第 6、第 7、第 8 和第 8a 波段分别记录为 B、G、R、RE_1、RE_2、RE_3、NIR 和 RE_4。

为进一步避免遥感指标多重共线性的影响，以及冗余数据的噪声对模型精度造成的负面影响，研究采用皮尔逊相关分析方法对高度相关的遥感指标进行过滤

筛选。阈值设定为 $|r| > 0.95$ 且 $P < 0.01$（$n = 4797$），即当遥感指标之间的相关性大于 0.95 时，则保留一个指标，滤除其他指标。经过筛选，共保留了 17 个光谱指数，为无人机图像的四个波段反射率（记录为 UAV-g、UAV-r、UAV-e、UAV-nir，分别为无人机的绿、红、红边和近红外波段反射率），哨兵 2 号的红边 1 和 2 波段、近红外波段、短波红外 1 和 2 波段（分别记录为 RE_1、RE_2、NIR、$SWIR_1$ 和 $SWIR_2$），以及 PR_{42}、PR_{43}、PR_{32}、RVI、RED_1、$RERI_1$、$RERI_2$ 和 TCARI 植被指数。而纹理指标则保留了 14 个，为 g-Con、g-Cor、g-DE、g-DV、g-IDM、g-MCC、g-SA、g-SV、r-Cor、r-DE、r-DV、r-SE、r-SV 和 r-Var。其中，g、r、e 和 nir 分别代表无人机遥感图像的绿、红、红边和近红外波段，如 g-Con 为 green-contrast，即基于无人机遥感图像滤波段的对比度纹理指标。

接着，进一步使用 Spearman 相关系数（ρ）来量化土壤指标和遥感指标之间的相关性。当自变量增加时，因变量趋向于增加，则 Spearman 相关系数为正；当自变量增加时，因变量趋向于减少，则 Spearman 相关系数为负。Spearman 相关系数为零，则表明当自变量增加时因变量没有任何趋向性。当自变量和因变量越来越接近完全的单调相关时，Spearman 相关系数会在绝对值上增加。当自变量和因变量完全单调相关时，Spearman 相关系数的绝对值为 1。因此，ρ 的取值范围在 $-1 \sim +1$，$|\rho|$ 值越高表示相关性越强。以上过程用于识别土壤属性监测中的遥感光谱特征。

5.3.2　土壤综合属性指标确立

由于作物生长并不是只受到单一土壤属性的影响，因此采用探索性因子分析法（exploratory factor analysis）生成土壤综合属性因子。探索性因子分析法是多元统计分析技术的一个分支，可用来研究众多变量之间的内部依赖关系，探求观测数据中的基本结构，即找出多元观测变量的本质结构并进行处理的降维技术，该方法能够将具有错综复杂关系的变量综合为少数几个核心因子。

探索性因子分析采用 R 3.6.3 软件中的 psych 包进行。平行分析表明，因子的数量应设置为 2；然后采用正交旋转的方法提取因子变量。解释的总方差可以看出因子对变量解释的贡献率，可以理解变量表达为 100% 需要多少因子，如表 5.2 所示，第一个是最重要的土壤综合属性指标（因子 1）解释了总方差的 0.37；因子 1 和因子 2 总共解释了总方差的 0.68。

表 5.2　土壤探索性因子分析结果

		因子 1 载荷	因子 2 载荷	$h2^*$	$u2^{**}$
土壤属性指标	盐分含量 0～10 cm	−0.26	−0.87	0.83	0.17
	盐分含量 10～20 cm	−0.18	−0.89	0.82	0.18
	有机质含量 0～10 cm	0.81	0.08	0.67	0.33
	有机质含量 10～20 cm	0.82	−0.07	0.67	0.33
	全氮含量 0～10 cm	0.85	0.15	0.75	0.25
	全氮含量 10～20 cm	0.84	0.13	0.72	0.28
	速效氮含量 0～10 cm	0.56	0.34	0.44	0.56
	速效氮含量 10～20 cm	0.71	0.21	0.54	0.46
	pH 0～10 cm	0.09	0.84	0.71	0.29
	pH 10～20 cm	0.00	0.80	0.64	0.36
累积方差		0.37	0.68		
解释度		0.54	0.46		

* $h2$ 为成分公因子方差；

** $u2 = 1 - h2$，$u2$ 为成分唯一性，即方差无法被主成分解释的比例。

　　载荷系数通俗理解为变量与因子间的相关程度，即本节研究中土壤综合因子与土壤单一属性指标的相关程度；该系数的范围是−1～1。载荷系数（绝对值）越大越接近 1，该变量（土壤单一属性指标）与该因子（土壤综合因子）的关系越为密切，即该变量向该因子贡献了足够多的信息，是该因子的代表性变量，或可理解为该变量归属于该因子。如表 5.2 所示，因子 1 具有最大的特征值，土壤有机质、速效氮和全氮的载荷系数绝对值较高（＞ 0.5），因此可以将因子 1 视为表征土壤肥力的综合指标。而因子 2 的盐分和 pH 的载荷系数绝对值很高（＞ 0.80），因此将因子 2 视为表征土壤盐碱程度的综合指标。后续将利用遥感指标对这两个综合因子，即土壤的综合属性指标进行估算，从而实现对土壤综合属性的诊断。

5.3.3　模型构建与精度评估

　　本案例采用随机森林方法进行建模，实现对土壤属性指标的估算。随机森林模型包括两个关键参数：mtry 和 ntree。其中，mtry 设置为默认值 3，最佳的 ntree 值由最小误差确定。模型的校准和验证采用三次交叉验证方法。使用决定系数 R^2、均方根误差（RMSE）和平均绝对百分比误差（MAPE）（%）来评估模型的精度；评估指标的计算公式如下所示：

$$R^2 = \left\{ \left[\sum_{i=1}^{n} \left(M_i - \bar{M} \right) \left(E_i - \bar{E} \right) \right] \middle/ \left[\sum_{i=1}^{n} \left(M_i - \bar{M} \right)^2 \sqrt{\sum_{i=1}^{n} \left(E_i - \bar{E} \right)^2} \right] \right\}^2 \quad (5.1)$$

$$\text{RMSE} = \sqrt{\sum_{i=1}^{n} \left(M_i - E_i \right)^2 \middle/ n} \quad (5.2)$$

$$\text{MAPE} = \frac{1}{n} \sum_{i=1}^{n} \left(\left| M_i - E_i \right| / M_i \right) \quad (5.3)$$

式中，i 为样本的序列号；M_i 为通过地面测量和探索性因子分析计算得出的每个研究小区（20 m×20 m）内土壤属性指标的真实值；而 E_i 为基于随机森林模型估算得出的每个研究小区（20 m×20 m）内的土壤属性估算值；$\bar{M}$ 为整个研究区域所有小区的土壤属性指标真实值均值；$\bar{E}$ 为整个研究区域所有小区的土壤属性估算值均值。

5.4　结果分析

5.4.1　无人机多光谱波段与哨兵 2 号波段反射率对比

如图 5.7 所示，将每个 20 m×20 m 的小区内相似的 multiSPEC-4C 波段和卫星传感器波段的反射率进行对比，即将无人机机载绿、红、红边和近红外波段分别与哨兵 2 号 2、3、5 和 6 波段进行对比。结果显示，无人机机载和哨兵 2 号卫星传感器相似波段之间呈显著的线性正相关，相关系数 r 值为 0.77～0.94（$n=3212$，$P<0.001$），这表明每个小区地块内所有无人机像元的平均值与卫星像元存在较高的相似性，但不同波段的相关系数存在区别。例如，红波段的相关系数值为 0.94，而红边波段的相关系数值为 0.77。这一结果表明，经过无人机遥感数据校准的经验模型运用到卫星遥感尺度时，不同传感器光谱信息的差异可能会造成模型的不确定性。此外，在裸土、玉米和高粱三种地表覆盖类型条件下，两种传感器相似波段反射率的相关系数 r 值接近，这表明地面覆盖类型对无人机和哨兵 2 号相似波段反射率之间的相关关系没有显著影响。

5.4.2　遥感指数与土壤指标相关性分析

如图 5.8 所示，在不同的地表覆盖类型下，遥感指标与土壤属性指标的相关

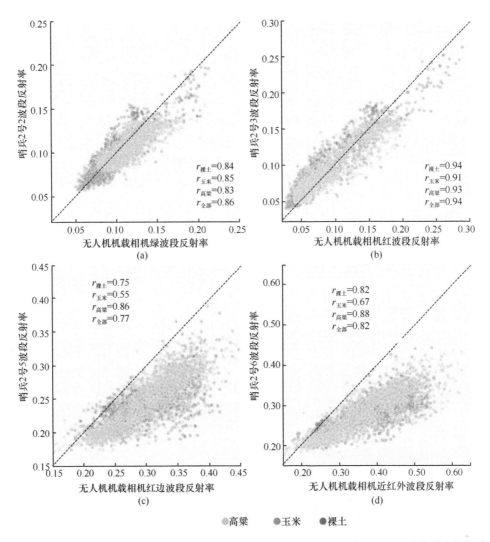

图 5.7　不同地表覆盖类型条件下无人机机载 multiSPEC-4C 波段和哨兵 2 号卫星传感器相似波段之间的对比分析

关系存在区别，高粱种植地区的$|\rho|$值显著高于玉米种植区和裸土区。在裸土覆盖区域（$n_{裸土} = 1182$），具有较高$|\rho|$值的无人机遥感指标为 g-sa、g-sv 和 UAV-g，这三个遥感指标的$\rho_{因子1}$和$\rho_{因子2}$值分别为–0.22 和–0.18、–0.20 和–0.15、–0.23 和–0.21（$P < 0.001$）。在玉米种植区域中，g-dv 和 g-idm 的$\rho_{因子1}$和$\rho_{因子2}$值最高，对应$\rho_{因子1}$值分别为–0.31 和–0.22，$\rho_{因子2}$值分别为–0.28 和–0.22。在哨兵 2 号遥感指标中，裸土区域的 SWIR1 和 SWIR2 指标的$|\rho|$值最高；其中，SWIR1 的$\rho_{因子1}$和$\rho_{因子2}$

值分别为 0.27 和 0.34（$P<0.001$），SWIR2 的 $\rho_{因子1}$ 和 $\rho_{因子2}$ 值分别为 0.16 和 0.22（$P<0.001$）。而在玉米种植区域，RERI1 的$|\rho|$值最高，$\rho_{因子1}$ 和 $\rho_{因子2}$ 值分别为 0.68 和 0.57（$P<0.001$）。在高粱种植区域，大多数遥感指标的$|\rho|$值较高，这表明该区域许多遥感指标与地面土壤指标高度相关。本案例选取了$|\rho|$值前 5 的遥感指标进行土壤属性的诊断与估算，选择的遥感指标如表 5.3 所示。

表 5.3　本案例筛选出的用于土壤属性诊断的遥感指标

区域	土壤综合因子	无人机遥感指标	哨兵 2 号遥感指标
裸土	因子 1	UAV-g，g-SA，g-SV，UAV-e，r-Var	RERI$_1$，RE$_1$，RED$_1$，SWIR$_2$，SWIR$_1$
	因子 2	UAV-g，g-SA，UAV-e，g-SV，r-DV	RVI，PR$_{43}$，RED$_1$，SWIR$_2$，SWIR$_1$
高粱	因子 1	UAV-r，r-SV，UAV-e，UAV-nir，UAV-g	SWIR$_2$，RE$_2$，RVI，RERI$_2$，TCARI
	因子 2	UAV-r，r-SV，UAV-e，UAV-nir，g-MCC	RERI$_2$，TCARI，RERI$_1$，RE$_2$，RVI
玉米	因子 1	g-DV，g-IDM，g-DE，g-MCC，g-Con	NIR，PR$_{32}$，PR$_{42}$，TCARI，RERI$_1$
	因子 2	g-DV，g-IDM，g-Con，g-MCC，g-DE	NIR，PR$_{32}$，RERI$_1$，TCARI，RED$_1$

图 5.8 显示，与土壤肥力有关的指标，如因子 1、速效氮和全氮含量的$|\rho|$值高于盐度和碱度指标（即盐分含量、pH 和因子 2）。这表明基于遥感信息的土壤营养指标的估算精度可能高于土壤盐碱度指标的估算精度。对比直接测量的土壤属性单一指标和土壤综合因子，两者与遥感指标的相关性值在裸土区较为接近；在玉米种植区，土壤综合因子均呈现较高的$|\rho|$值；而在高粱种植区，土壤因子 1 的$|\rho|$值最高。这一结果表明，基于遥感数据的土壤综合因子的估算与诊断的精度可能比对单一土壤属性的诊断精度更高。

5.4.3　基于遥感指数对土壤属性进行诊断

如表 5.4 和图 5.9 所示，在不考虑地表覆盖差异的情况下，土壤综合因子 1 估算精度的 R^2 和 MAPE 值分别为 0.44～0.63 和 9.62%～12.22%；土壤综合因子 2 估算精度的 R^2 和 MAPE 值分别为 0.51～0.65 和 27.79%～33.46%，低于土壤综合因子 1 的估算精度。这一结果表明，利用遥感数据诊断土壤综合肥力情况的精度高于对土壤盐碱情况的诊断精度，这与前文的 Spearman 相关性分析结果相吻合。

考虑地表覆盖因素，在土壤综合因子 1 的估算中，裸土区域的土壤属性估算精度的 R^2、RMSE 和 MAPE 值分别为 0.38～0.57、10.13～12.21 和 12.93%～15.91%；玉米种植区域的 R^2、RMSE 和 MAPE 分别为 0.12～0.49、7.01～9.18 和 8.58%～

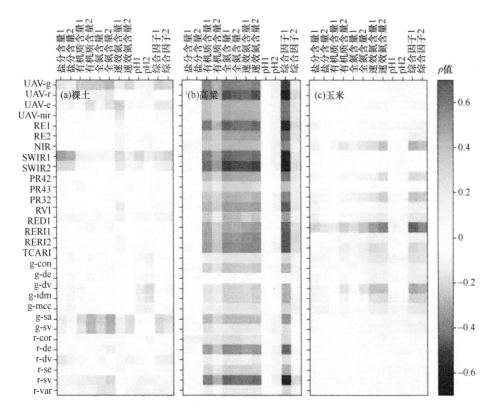

图 5.8　不同地表覆盖区域的遥感指标与土壤属性指标的 Spearman 相关系数（ρ）值

表 5.4　基于遥感数据的土壤属性诊断精度评估

土壤综合因子	种植区域	R^2			RMSE			MAPE/%		
		UAV	哨兵2号	融合数据集	UAV	哨兵2号	融合数据集	UAV	哨兵2号	融合数据集
因子 1	裸土	0.38	0.45	0.57	12.21	11.48	10.13	15.91	15.12	12.93
	高粱	0.37	0.54	0.54	6.97	5.95	5.99	9.09	7.03	7.12
	玉米	0.12	0.48	0.49	9.18	7.04	7.01	11.55	8.58	8.59
	所有区域	0.44	0.56	0.63	9.72	8.62	7.98	12.22	10.39	9.62
因子 2	裸土	0.40	0.51	0.64	7.15	6.45	5.57	41.81	37.85	33.86
	高粱	0.01	0.11	0.13	7.27	6.61	6.55	39.39	34.75	33.76
	玉米	0.09	0.35	0.37	4.61	3.88	3.80	12.50	10.33	10.08
	所有区域	0.51	0.60	0.65	6.65	5.97	5.60	33.46	29.69	27.79

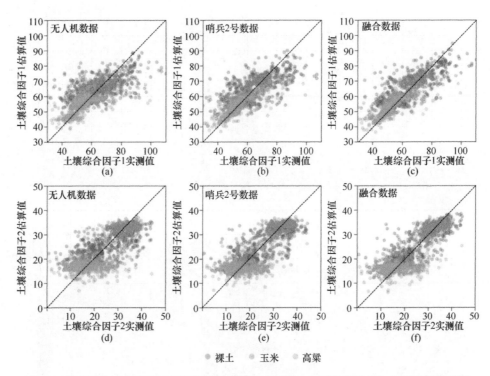

图 5.9　基于无人机和哨兵 2 号卫星遥感数据的土壤综合因子估算结果与实测结果散点图

11.55%；而高粱种植区域的 R^2、RMSE 和 MAPE 分别为 0.37～0.54、5.95～6.97 和 7.03%～9.09%（表 5.4）。在土壤综合因子 2 的估算中，裸土区域的 R^2、RMSE 和 MAPE 值分别约为 0.50、6.50 和 37%（表 5.4）；高粱种植区域的 R^2、RMSE 和 MAPE 值分别约为 0.10、6.50 和 35%；而玉米种植区域的 R^2、RMSE 和 MAPE 值分别约为 0.30、4.0 和 10%。上述结果表明，地表覆盖类型会影响土壤属性的诊断精度。土壤综合因子的诊断精度顺序为，高粱种植区域最高，其次为玉米种植区域，而裸土区域的估算精度最低。在土壤综合因子 2 的诊断中，玉米种植区域的精度最高，高粱与裸土种植区域的精度相当。上述结果还表明，有作物覆盖区域的土壤属性诊断精度高于裸土区域。

　　比较不同遥感数据集的土壤属性诊断精度，对于单源数据，基于哨兵 2 号数据的土壤综合因子 1 的估算精度的 R^2、RMSE 和 MAPE 值分别为 0.45～0.56、5.95～11.47 和 7.03%～15.12%；因子 2 的估算精度的 R^2、RMSE 和 MAPE 值分别为 0.11～0.60、3.88～6.61 和 10.33%～37.85%；而基于无人机遥感数据的因子 1 估算精度的 R^2、RMSE 和 MAPE 值分别为 0.12～0.44、6.97～12.21 和 9.09%～15.91%；因子 2 的估算精度的 R^2、RMSE 和 MAPE 值分别为 0.01～0.51、4.61～7.27 和 12.50%～41.81%。上述结果表明，基于哨兵 2 号数据的土壤综合因子估算精度比基于无人机数据的估算精度高。此外，融合无人机和卫星遥感数据后，土壤属性的估算精度的 R^2 更高，而 RMSE 和 MAPE 值更低；这表明无人机和哨兵卫星遥感数据的融合可以提升对土壤综合属性的估算精度，提升遥感技术的诊断能力。

5.5　小　　结

　　本章研究利用无人机和哨兵 2 号多光谱遥感数据，对不同地表覆盖类型（裸土、玉米种植区、高粱种植区）的农田土壤属性进行了综合诊断。结果表明，无人机遥感纹理指标和哨兵 2 号光谱指标的融合可提高对土壤综合因子的诊断精度。地表覆盖类型也会对土壤属性的诊断产生影响，其中基于农作物覆盖地区的土壤属性诊断精度高于裸土区域。本章研究为多源遥感协同监测土壤综合属性的范例，对实现大面积农田的土壤精确化管理具有重要的指导意义。

参 考 文 献

关元秀, 刘高焕, 刘庆生, 等. 2001. 黄河三角洲盐碱地遥感调查研究. 遥感学报, 5(1): 7.

范晓梅, 刘高焕, 唐志鹏, 等. 2010. 黄河三角洲土壤盐渍化影响因素分析. 水土保持学报, 24(1): 139-144.

Ayub M, Ashraf M Y, Kausar A, et al. 2021. Growth and physio-biochemical responses of maize (Zea mays L.)to drought and heat stresses. Plant Biosystems-An International Journal Dealing with all Aspects of Plant Biology, 155: 535-542.

Calero Hurtado A, Aparecida Chiconato D, de Mello Prado R, et al. 2019. Silicon attenuates sodium toxicity by improving nutritional efficiency in sorghum and sunflower plants. Plant Physiology and Biochemistry, 142: 224-233.

Che Z, Wang J, Li J. 2021. Effects of water quality, irrigation amount and nitrogen applied on soil salinity and cotton production under mulched drip irrigation in arid Northwest China. Agricultural Water Management, 247: 106738.

Chen M, Willgoose G R, Saco P M. 2015. Investigating the impact of leaf area index temporal variability on soil moisture predictions using remote sensing vegetation data. Journal of Hydrology, 522: 274-284.

Chen M, Zhang S, Liu L, et al. 2021. Combined organic amendments and mineral fertilizer application increase rice yield by improving soil structure, P availability and root growth in saline-alkaline soil. Soil and Tillage Research, 212: 105060.

Chi Y, Shi H, Zheng W, et al. 2018. Simulating spatial distribution of coastal soil carbon content using a comprehensive land surface factor system based on remote sensing. Science of The Total Environment, 628-629: 384-399.

Daughtry C, Walthall C, Kim M, et al. 2000. Estimating corn leaf chlorophyll concentration from leaf and canopy reflectance. Remote Sensing of Environment, 74: 229-239.

de Almeida C T, Delgado R C, Galvão L S, et al. 2018. Improvements of the MODIS Gross Primary Productivity model based on a comprehensive uncertainty assessment over the Brazilian Amazonia. ISPRS Journal of Photogrammetry and Remote Sensing, 145: 268-283.

de Almeida C T, Galvão L S, Aragão L E, et al. 2019. Combining LiDAR and hyperspectral data for aboveground biomass modeling in the Brazilian Amazon using different regression algorithms. Remote Sensing of Environment, 232: 111323.

Dong J, Crow W T, Tobin K J, et al. 2020. Comparison of microwave remote sensing and land surface modeling for surface soil moisture climatology estimation. Remote Sensing of Environment, 242: 111756.

Dong T, Liu J, Shang J, et al. 2019. Assessment of red-edge vegetation indices for crop leaf area index estimation. Remote Sensing of Environment, 222: 133-143.

Fu Y, Yang G, Pu R, et al. 2021. An overview of crop nitrogen status assessment using hyperspectral remote sensing: Current status and perspectives. European Journal of Agronomy, 124: 126241.

García-Caparrós P, Llanderal A, Lao M T, 2017. Effects of salinity on growth, water-use efficiency, and nutrient leaching of three containerized ornamental plants. Communications in Soil Science and Plant Analysis, 48: 1221-1230.

Gong H, Li Y, Li S. 2021. Effects of the interaction between biochar and nutrients on soil organic carbon sequestration in soda saline-alkali grassland: A review. Global Ecology and Conservation, 26: e01449.

Guan Y, Bai J, Wang J, et al. 2021. Effects of groundwater tables and salinity levels on soil organic carbon and total nitrogen accumulation in coastal wetlands with different plant cover types in a Chinese estuary. Ecological Indicators, 121: 106969.

Guo L, Fu P, Shi T, et al. 2020. Mapping field-scale soil organic carbon with unmanned aircraft system-acquired time series multispectral images. Soil and Tillage Research, 196: 104477.

Haboudane D, Miller, Pattey, 2004. Hyperspectral vegetation indices and novel algorithms for predicting green LAI of crop canopies: Modeling and validation in the context of precision agriculture. Remote Sensing of Environment, 90: 337-352.

Hu J, Peng J, Zhou Y, et al. 2019. Quantitative estimation of soil salinity using UAV-Borne hyperspectral and satellite multispectral images. Remote Sensing, 11: 736.

Khadim F K, Su H, Xu L, et al. 2019. Soil salinity mapping in Everglades National Park using remote sensing techniques and vegetation salt tolerance. Physics and Chemistry of the Earth, Parts A/B/C, 110: 31-50.

Ma Y, Chen H, Zhao G, et al. 2020. Spectral index fusion for salinized soil salinity inversion using Sentinel-2A and UAV images in a coastal area. IEEE Access, 8: 159595-159608.

Nouri H, Chavoshi Borujeni S, Alaghmand S, et al. 2018. Soil salinity mapping of urban greenery using remote sensing and proximal sensing techniques, the case of veale gardens within the adelaide parklands. Sustainability, 10: 2826.

Peng Y, Nguy-Robertson A, Arkebauer T, et al. 2017. Assessment of canopy chlorophyll content retrieval in maize and soybean: Implications of hysteresis on the development of generic algorithms. Remote Sensing, 9: 226.

Qiu J, Crow W T, Wagner W, et al. 2019. Effect of vegetation index choice on soil moisture retrievals via the synergistic use of synthetic aperture radar and optical remote sensing. International Journal of Applied Earth Observation and Geoinformation, 80: 47-57.

Shahnaz S, Saiful A, Muhammad M K. 2021. Screening of siderophore-producing salt-tolerant rhizobacteria suitable for supporting plant growth in saline soils with iron limitation. Journal of Agriculture and Food Research, 4: 100150.

Sishodia R P, Ray R L, Singh S K. 2020. Applications of remote sensing in precision agriculture: A review. Remote Sensing, 12: 3136.

Song C, Ren H, Huang C. 2016. Estimating soil salinity in the Yellow River delta, Eastern China-an integrated approach using spectral and terrain indices with the generalized additive model. Pedosphere, 26: 626-635.

Soudani K, François C, le Maire G, et al. 2006. Comparative analysis of IKONOS, SPOT, and ETM+ data for leaf area index estimation in temperate coniferous and deciduous forest stands. Remote Sensing of Environment, 102: 161-175.

Wang D, Chen H, Wang Z, et al. 2020. Inversion of soil salinity according to different salinization grades using multi-source remote sensing. Geocarto International, 37(5): 1274-1293.

Weng Y, Gong P, Zhu Z. 2010. A spectral index for estimating soil salinity in the Yellow River delta region of China using EO-1 hyperion data. Pedosphere, 20: 378-388.

Wong V, Greene R, Dalal R, et al. 2010. Soil carbon dynamics in saline and sodic soils: A review: Soil carbon dynamics in saline and sodic soils. Soil Use and Management, 26: 2-11.

Xie Q, Dash J, Huete A, et al. 2019. Retrieval of crop biophysical parameters from Sentinel-2 remote sensing imagery. International Journal of Applied Earth Observation and Geoinformation, 80: 187-195.

Xu M, Liu R, Chen J M, et al. 2019. Retrieving leaf chlorophyll content using a matrix-based vegetation index combination approach. Remote Sensing of Environment, 224: 60-73.

Xu Y, Wang X, Bai J, et al. 2020. Estimating the spatial distribution of soil total nitrogen and available potassium in coastal wetland soils in the Yellow River Delta by incorporating multi-source data. Ecological Indicators, 111: 106002.

Yu K, Lenz-Wiedemann V, Chen X, et al. 2014. Estimating leaf chlorophyll of barley at different growth stages using spectral indices to reduce soil background and canopy structure effects. ISPRS-J. Photogramm. Remote Sensing, 97: 58-77.

Yue J, Yang G, Tian Q, et al. 2019. Estimate of winter-wheat above-ground biomass based on UAV ultrahigh-ground-resolution image textures and vegetation indices. ISPRS Journal of Photogrammetry and Remote Sensing, 150: 226-244.

Zhang H, Hobbie E A, Feng P, et al. 2021. Responses of soil organic carbon and crop yields to 33-year mineral fertilizer and straw additions under different tillage systems. Soil and Tillage Research, 209: 104943.

Zhang S, Zhao G. 2019. A harmonious satellite-unmanned aerial vehicle-ground measurement inversion method for monitoring salinity in coastal saline soil. Remote Sensing, 11: 1700.

Zhu H, Yang J, Yao R, et al. 2020. Interactive effects of soil amendments (biochar and gypsum)and salinity on ammonia volatilization in coastal saline soil. Catena, 190: 104527.

Zhu K, Sun Z, Zhao F, et al. 2020. Remotely sensed canopy resistance model for analyzing the stomatal behavior of environmentally-stressed winter wheat. ISPRS Journal of Photogrammetry and Remote Sensing, 168(11): 197-207.

Zhu K, Sun Z, Zhao F, et al. 2021. Relating hyperspectral vegetation indices with soil salinity at different depths for the diagnosis of winter wheat salt stress. Remote Sensing, 13: 250.

Zhu L, Jia X, Li M, et al. 2021. Associative effectiveness of bio-organic fertilizer and soil conditioners derived from the fermentation of food waste applied to greenhouse saline soil in Shan Dong Province, China. Applied Soil Ecology, 167: 104006.

Zhu W, Rezaei E E, Nouri H, et al. 2021a. Quick detection of field-scale soil comprehensive attributes via the integration of UAV and Sentinel-2B remote sensing data. Remote Sensing, 13: 4716.

Zhu W, Sun Z, Huang Y, et al. 2021b. Optimization of multi-source UAV RS agro-monitoring schemes designed for field-scale crop phenotyping. Precision Agriculture, 22: 1768-1802.

Zhu W, Sun Z, Yang T, et al. 2020. Estimating leaf chlorophyll content of crops via optimal unmanned aerial vehicle hyperspectral data at multi-scales. Computers and Electronics in Agriculture, 178: 105786.

第 **6** 章

作物长势无人机遥感监测

6.1 案 例 背 景

地上生物量是衡量植被发展和健康状况的一个重要指标（Yue et al., 2017），其定义为植物地上有机物的总重量。在田间尺度对作物生物量进行监测，对于农田措施管理与调整具有重要意义（Yang et al., 2017；Lu et al., 2018）。目前，破坏性取样是最精准的生物量测定方法，但该方法耗时耗力，且很难应用于大规模区域作物生物量监测。近年来，无人机光学遥感技术广泛应用于作物生长监测中；光学传感器能获取作物冠层反射率，进而计算得到植被指数，而植被指数则与作物生化性质、结构参数（Wei and Fang, 2016；Berger et al., 2018）等有着密切联系。但当植被覆盖率很高时，一些植被指数往往会出现光谱饱和现象（Yao et al., 2017）；为克服光谱饱和现象对作物参数反演的影响，融合植被冠层三维结构信息是一个很好的策略（Bendig et al., 2015；Ma et al., 2019）。

在无人机尺度的研究中，多源遥感数据融合常用于对生物量和产量的估算，其中以结构信息与光谱信息的融合最为常见。这可能是由于生物量和产量是众多因素综合的结果，因此对生物量与产量的估算与监测需要多源遥感信息进行综合表征。株高是估算植被生物量的关键指标（Chang et al., 2017），且株高相比叶面积指数（LAI）、叶倾角等其他三维结构信息更易获取。因此，众多研究使用株高及其相关统计变量来表征冠层三维结构信息，从而进行生物量的估算。例如，Luo等（2017）融合激光雷达和高光谱数据，对森林生态系统生物量进行估算，结果表明，进行数据融合后，生物量的估算精度提升显著，R^2提升了 2.2%，RMSE 降低了 7.9%。水分也是影响作物生长的重要因子，因此热红外与光谱、结构数据的融合也可提供更为丰富的作物生长信息。Maimaitijiang 等（2020）的研究融合了无人机 RGB 数据生成的冠层表面模型、多光谱数据和热红外数据，采用深度学习方法对大豆产量进行了估算，结果表明，单源最优的无人机遥感数据（多光谱）的产量估算精度的 R^2 约为 0.48，RMSE 约为 21.6%，而多源遥感数据的产量估算精度的 R^2 和 RMSE 分别为 0.69 和 16.8%。但是，目前基于无人机多源遥感技术监测农田生态系统参数的研究，通常只关注单个或两个作物参数，而对于作物长势的综合监测研究还较为缺乏。

在传统的卫星遥感中，遥感结构信息主要是基于灰度共生矩阵生成的纹理信息，常用于遥感地物分类（Myint et al.，2011；Cheng et al.，2017；Mishra et al.，2019）。无人机多光谱和 RGB 相机价格成本具有优势，被广泛应用于农田生产活动与科学研究中（Aasen et al.，2015；González-Jaramillo et al.，2019）。植株高度也可通过多光谱/RGB 运动结构 SfM 点云生成的数字表面模型和数字高程模型提取获得（Bendig et al.，2014；Aasen et al.，2015）。无人机遥感系统在检测出每张图片所有的特征点后，对特征点进行匹配，根据图像中二维数据点反推出其三维位置，由此形成三维空间稀疏点云，即 SfM 点云（Xie et al.，2021）。因此，无人机遥感图像的空间分辨率是影响三维点云密度的重要因素。但是，SfM 点云不具备穿透密闭冠层的能力（Karpina et al.，2016）。农作物通常是行播种植，冠层相对均匀，物种单一，因此对作物三维结构的监测可能需要更精准的无人机点云结构信息来探测微小的作物长势差异。比较而言，激光雷达是一种主动遥感探测技术，其从激光的返回时间和波长的差异中收集有关树冠特征的更精确的三维信息，被广泛用于森林生态系统的植被结构探测中（Brede et al.，2017；Luo et al.，2017；Cao et al.，2019）。然而，激光雷达遥感技术尚未广泛用于农田生态系统作物监测。在农业生产中，需要同时考虑成本与监测精度的问题；目前未有研究比较不同空间密度的多光谱点云和激光雷达点云在作物生物量估算中的差异。

6.2 研究区与试验方案

6.2.1 研究区概况

试验地点为中国科学院禹城综合试验站，位于山东省德州市，地理坐标为

36.83°N，116.57°E（图 6.1）。研究区域是黄淮海平原的鲁西北黄河冲积平原，平均海拔为 20 m。土壤母质为黄河冲积物，土壤为石灰性冲积土，表土质地为中轻质壤土，含砂 12%、粉砂 66%、黏土 22%。研究区域属于典型的暖温带半湿润季风气候带，年平均气温约 13.40℃，无霜期 220 天，年平均降水量为 576.70 mm，主要集中在 7～9 月。种植制度为华北平原典型的冬小麦和夏玉米轮作制度，一年两熟。小麦在每年的 10 月播种、次年的 6 月上旬收获；玉米在每年 6 月播种、当年 10 月收获。本章案例试验于 2018 年 7 月 22 日玉米拔节期进行，选取的试验田为水氮耦合试验场（$n = 32$，试验地 3）、水分梯度试验场（$n = 32$，试验地 2）和养分平衡试验场（$n = 25$，试验地 1），共计 89 个研究小区（图 6.1）。

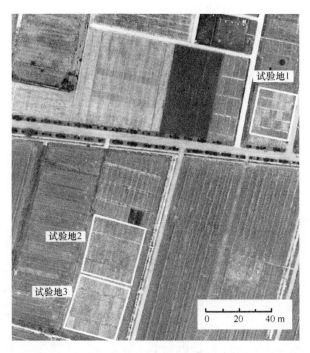

图 6.1 研究区概况（试验地 1～3 分别为养分平衡试验场、水分梯度试验场和水氮耦合试验场）

利用塔尺或卷尺实地测量从植株底部到最高点的长度，记为植株高度（cm）。采用破坏性方法进行地上生物量（t/hm²）的测量。为了保证取样的合理性和典型性，采样过程中考虑了边际效应，即不采集靠近小区边界 3 行内的玉米植株。因此，每次试验在每个小区中采集 3 棵长势均匀的植株，烘干至恒重后称取干物质重量，通过种植密度和小区面积换算，进而得到生物量（t/hm²）并同时计算植株水分含量（%）。实测数据见表 6.1。

表 6.1 实测生物量和植株高度统计信息（$n = 89$）

统计指标	生物量鲜重/（t/hm²）	生物量干重/（t/hm²）	植株高度/cm
最小值	1.68	0.20	67.67
平均值	10.23	1.25	113.92
最大值	34.00	3.74	166.50
标准差	7.18	0.83	22.23
变异系数	70.18%	66.90%	19.51%

6.2.2 无人机遥感平台与载荷配置

本章案例采用了三种类型的无人机遥感观测系统（图 6.2）。eBee Ag 固定翼无人机（SenseFly，洛桑，瑞士）具有轻便且飞行速度快的特点，适用于大面积农田作业观测。其搭载的传感器为 multiSPEC-4C 多光谱相机（SenseFly，洛桑，瑞士）；该相机具有 4 个光谱通道，分别为 550 nm、660 nm、735 nm 和 790 nm，对应的波段宽度分别为 40 nm、40 nm、10 nm 和 40 nm。multiSPEC-4C 相机的空间分辨率较低，120 m 飞行高度对应的地面空间分辨率约为 10 cm。飞行控制软件为 eMotion 3.0（SenseFly，洛桑，瑞士）。

(a)　　　　　　　　　　　(b)　　　　　　　　　　　(c)

图 6.2 多源无人机遥感观测系统

(a) EWZ-D6 和 Alpha Series AL3-32 LiDAR 遥感系统；(b) 大疆 M100 四旋翼和 RedEdge-M 多光谱相机；(c) eBee Ag
固定翼和 multiSPEC-4C 多光谱遥感系统

大疆 M100 四旋翼无人机（大疆创新科技有限公司，深圳，中国）搭载 RedEdge-M 多光谱相机（西雅图，美国）。该相机有五个光谱通道，中心波长分别为 475 nm、560 nm、668 nm、717 nm 和 840 nm，对应的波段宽度分别为 20 nm、20 nm、10 nm、10 nm 和 40 nm。无人机系统 30 m 飞行高度对应约 2 cm 地面空间分辨率。使用的飞行控制软件为 Pix4Dcapture（Pix4D，洛桑，瑞士）。

EWZ-D6（EWATT，武汉，中国）六旋翼无人机搭载激光雷达探测系统 Alpha Series AL3-32 LiDAR（Phoenix，洛杉矶，美国）。使用的飞行控制软件为 Phoenix Flight Planner（Phoenix，洛杉矶，美国）。激光雷达传感器的视场角为 270°，扫描速度为 700000×105 点/s。

点云数据密度由高到低分别为 Alpha Series AL3-32 LiDAR 遥感系统、RedEdge-M 多光谱遥感系统和 multiSPEC-4C 多光谱遥感系统。无人机飞行选择晴朗无云、风速较小的时间进行；具体飞行时间为北京时间 10:00～14:00 光照辐射较强期间。飞行前，采集多光谱相机的白板数据，用于后期光谱数据的辐射校正。multiSPEC-4C 的图像与航向和旁向的重叠率分别为 65% 和 85%，RedEdge-M 分别为 75% 和 85%，而 Alpha Series AL3-32 LiDAR 分别为 70% 和 70%。multiSPEC-4C、RedEdge-M 和 Alpha Series AL3-32 LiDAR 的飞行高度分别为 120 m、60 m 和 40 m。RedEdge-M 和 multiSPEC-4C 的光谱图像空间分辨率分别为 4 cm 和 10 cm。

6.2.3　无人机遥感数据预处理

如图 6.3 所示，激光雷达和光学点云可以获取冠层的三维结构信息。数据处理过程具体如下：首先在 Cloud Compare 软件中，将激光雷达点云数据的噪声点滤除，然后用克里金空间插值法生成数字表面栅格；而光学图像在经过 Pix4D Mapper（Pix4D，洛桑，瑞士）的拼接后，可直接生成数字表面栅格数据。其次，将数字表面栅格导入 ArcGIS 10.5 软件（ESRI，雷德兰兹，美国）中，利用先验知识选取一定数量的地面像元，并采用克里金空间插值法对地面像元进行插值，从而生成数字高程栅格，即该研究区地形情况。最后，将数字表面与数字高程栅格进行相减运算，以去除地形影响，从而得到冠层高度栅格数据。将每个小区内的冠层高度栅格数据进行统计运算，获得平均值、方差、变异系数等统计指标，作为无人机遥感结构指标。三种无人机遥感数据获得的点云数据所生成的作物冠层高度信息如图 6.4 所示。

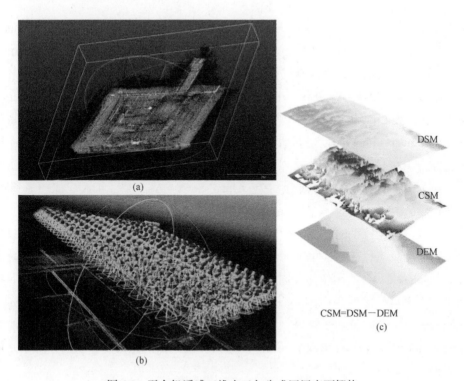

图 6.3　无人机遥感三维点云与生成冠层表面栅格
（a）无人机激光雷达点云数据；（b）无人机光学多视图三维点云数据；（c）数字表面栅格（DSM）、数字高程栅格（DEM）、冠层表面栅格（CSM）数据

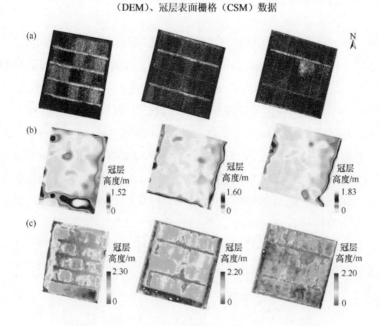

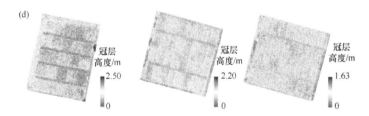

图 6.4　三种无人机遥感系统获取的试验场概况和作物冠层高度栅格数据（从左到右依次为养分平衡试验场、水氮耦合试验场和水分梯度试验场）

（a）三个试验场高清数码影像；　（b）EWZ-D6+Alpha Series AL3-32 LiDAR；　（c）大疆 M100+RedEdge-M；

（d）eBee Ag+multiSPEC-4C 无人机遥感系统

6.3　监测流程与算法

本章案例研究共包含三个主要步骤（图 6.5）：

（1）采用皮尔逊相关性分析，确定适宜于生物量估算的无人机指标。采用的无人机指标包括每个小区内玉米冠层高度栅格的所有像元的平均值（mean）、前 10%栅格的平均值（T_{10}）、标准差（sd）、变异系数（cv）和最大值（max）。

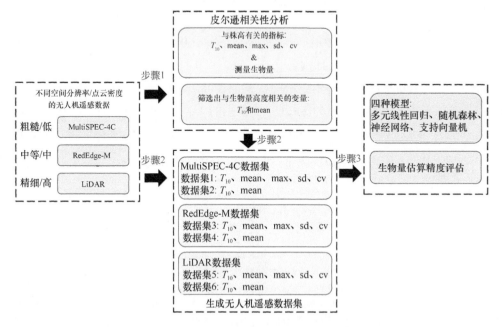

图 6.5　基于多空间密度的无人机遥感三维点云估算生物量研究技术路线图

（2）生成六个数据集：数据集 1 包括五个变量，即 mean、T_{10}、SD、CV、max；而数据集 2 只包括经过步骤（1）筛选下来的 2 个关键变量，即 mean 和 T_{10}（变量的选择请见 6.4.1 节）；数据集 1 和 2 由 MultiSPEC-4C SfM 点云生成，数据集 3 和 4 由 RedEdge-M SfM 点云生成，而数据集 5 和 6 由 Alpha Series AL3-32 LiDAR 点云生成。

（3）使多元线性回归模型、随机森林、神经网络和支持向量机算法及生成的 6 个无人机遥感数据集来估计玉米的生物量鲜重与干重。模型采用留一交义验证，共建模 89 次；使用 R^2、RMSE 和 MAPE 对模型估算精度进行评估。

6.4　结　果　分　析

6.4.1　敏感性遥感诊断指标筛选

图 6.6 为无人机遥感指标与实测作物生物量鲜重、干重和株高的相关性分析结果。植株高度与生物量干重和鲜重都有显著的正相关性，r 值分别为 0.92 和 0.90（$P<0.01$，$n=89$），这表明株高这一重要的树冠结构三维信息可用于玉米生物量的估算。在 5 个无人机遥感指标中，MultiSPEC-4C、Rededge-M 和 LiDAR 数据的 mean 和 T_{10} 与株高的相关性最高，r 值分别不小于 0.69、0.81 和 0.83；而 max 与株高的相关性稍低，其 r 值分别为 0.51、0.81 和 0.41；SD 与 CV 与植株高度的相关性不强。分析遥感指标与生物量的相关系数可知，T_{10} 和 mean 与生物量鲜重呈现显著的正相关；其中，MultiSPEC-4C 数据的 T_{10} 和 mean 值与生物量鲜重的 r 值分别为 0.72 和 0.73，RedEdge-M 数据的 T_{10} 和 mean 值与生物量鲜重的

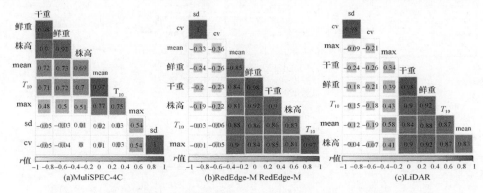

图 6.6　无人机遥感指标与生物量鲜重、干重和株高的相关性分析结果（r 值）

r 值分别为 0.86 和 0.85，而 AL3-32 LiDAR 数据分别为 0.82 和 0.88。生物量干重的情况与鲜重类似。

6.4.2　不同方法生物量监测结果

1. 基于 MultiSPEC-4C 数据的生物量估算

基于 MultiSPEC-4C 数据的生物量估算结果如图 6.7 和表 6.2 所示。除神经网络外，基于其他算法的数据集 1 对生物量鲜重的估算精度的 R^2、RMSE 和 MAPE 值分别为 0.41～0.51、5.02～5.49 和 0.53～0.55；数据集 2 的估算精度 R^2、RMSE 和 MAPE 值分别为 0.44～0.49、5.06～5.36 和 0.47～0.52。数据集 1 和数据集 2 的生物量干重估算的 R^2 值分别为 0.45～0.53 和 0.39～0.48，RMSE 分别为 0.57～0.62 和 0.63～0.69，MAPE 值分别为 0.49～0.50 和 0.48～0.51。以上结果表明，利用 MultiSPEC-4C 点云估算玉米生物的精度都较低，且两种数据集的估算精度接近。比较四种算法，除神经网络方法在生物量鲜重估算中的精度较低外，其他算法估算精度的 R^2、RMSE 和 MAPE 值接近，即差异不显著。此外，与传统的多元

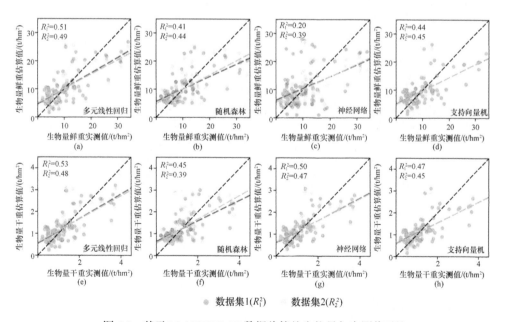

图 6.7　基于 MultiSPEC-4C 数据估算的生物量与实测值对比

表 6.2　基于 MultiSPEC-4C 数据的生物量估算精度

生物量	方法	数据集 1（T_{10}, mean, max, sd, cv）			数据集 2（T_{10}, mean）		
		R^2	RMSE	MAPE	R^2	RMSE	MAPE
鲜重	多元线性回归	0.51	5.02	0.53	0.49	5.06	0.51
	随机森林	0.41	5.49	0.53	0.44	5.36	0.47
	神经网络	0.20	7.31	0.72	0.39	5.59	0.51
	支持向量机	0.44	5.35	0.55	0.45	5.28	0.52
干重	多元线性回归	0.53	0.57	0.50	0.48	0.63	0.50
	随机森林	0.45	0.62	0.49	0.39	0.69	0.48
	神经网络	0.50	0.59	0.50	0.47	0.63	0.51
	支持向量机	0.47	0.61	0.50	0.45	0.64	0.49

线性回归方法相比，机器学习方法没有明显的优势。例如，在生物量鲜重的估算中（数据集 1），多元线性回归方法的 R^2、RMSE 和 MAPE 值分别为 0.51、5.02 和 0.53，随机森林的 R^2、RMSE 和 MAPE 值分别为 0.41、5.49 和 0.53。

2. 基于 RedEdge-M 数据的生物量估算

基于数据集 3 估算生物量鲜重的 R^2、RMSE 和 MAPE 值分别为 0.64～0.77、3.41～4.48 和 0.30～0.43（表 6.3 和图 6.8）。数据集 4 的生物量鲜重估算精度的 R^2、RMSE 和 MAPE 值分别为 0.67～0.77、3.48～4.15 和 0.29～0.33。与数据集 3 相比，使用数据集 4 估算生物量干重的精度略有提高；多元线性回归、随机森林、神经网络和支持向量机方法的 R^2 值分别增加了 0.02、0.03、0.02 和 0.02，RMSE

表 6.3　基于 RedEdge-M 数据的生物量估算精度

生物量	方法	数据集 3（T_{10}, mean, max, sd, cv）			数据集 4（T_{10}, mean）		
		R^2	RMSE	MAPE	R^2	RMSE	MAPE
鲜重	多元线性回归	0.77	3.41	0.30	0.76	3.50	0.31
	随机森林	0.75	3.61	0.31	0.75	3.54	0.30
	神经网络	0.64	4.48	0.43	0.67	4.15	0.33
	支持向量机	0.74	3.61	0.31	0.77	3.48	0.29
干重	多元线性回归	0.73	0.45	0.29	0.75	0.44	0.30
	随机森林	0.69	0.48	0.31	0.72	0.46	0.29
	神经网络	0.71	0.46	0.29	0.73	0.45	0.28
	支持向量机	0.74	0.45	0.28	0.76	0.44	0.27

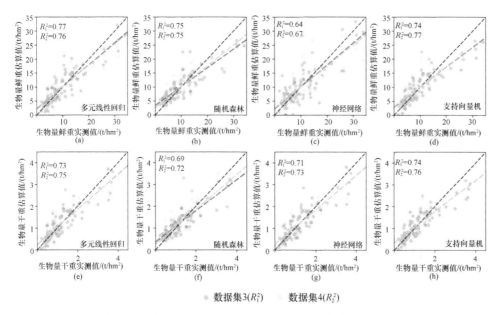

图 6.8　基于 RedEdge-M 数据估算的生物量与实测值对比

值分别减少了 0.01、0.02、0.01 和 0.01，MAPE 值分别增加了 0.01，减少了 0.02、0.01 和 0.01。此外，对比四种方法，神经网络精度最低，而多元线性回归和支持向量机方法的估算结果更稳健，R^2 值约为 0.75。

3. 基于 LiDAR 数据的 AGB 估算

在生物量鲜重估算中，数据集 5 的 R^2、RMSE 和 MAPE 值分别为 0.70~0.85、2.72~4.01 和 0.25~0.34（图 6.9 和表 6.4）。与 RedEdge-M 估算结果类似，数据集 6 的鲜重估算精度较数据集 5 更高；与数据集 5 相比，数据集 6 的多元线性回归、随机森林、神经网络和支持向量机方法的 R^2 值分别提高了 0.01、0.07、0.19 和 0，RMSE 值分别下降了 0.02、0.89、1.65 和 0，MAPE 值分别下降了 0、0.07、0.12 和 0.02。数据集 6 在干重的估算中精度也高于数据集 5。比较四种算法，除神经网络外，随机森林、支持向量机和多元线性回归方法的精度很接近。此外，基于数据集 6 的随机森林方法的估算精度最高，其对鲜重估算的 R^2、RMSE 和 MAPE 值分别为 0.90、2.29 和 0.22，对干重估算的 R^2、RMSE 和 MAPE 值分别为 0.85、0.33 和 0.23。

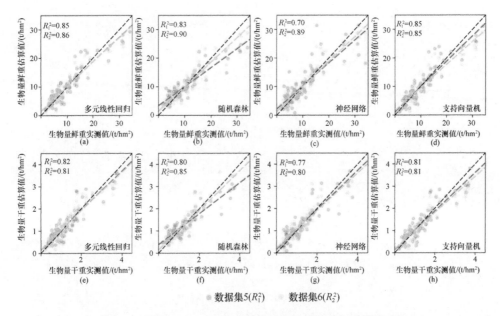

图 6.9　基于 AL3-32 LiDAR 数据估算的生物量与实测值对比

表 6.4　基于 LiDAR 数据的生物量估算精度

生物量	方法	数据集 5（T_{10}, mean, max, SD, CV）			数据集 6（T_{10}, mean）		
		R^2	RMSE	MAPE	R^2	RMSE	MAPE
鲜重	多元线性回归	0.85	2.72	0.25	0.86	2.70	0.25
	随机森林	0.83	3.18	0.29	0.90	2.29	0.22
	神经网络	0.70	4.01	0.34	0.89	2.36	0.22
	支持向量机	0.85	2.78	0.26	0.85	2.78	0.24
干重	多元线性回归	0.82	0.37	0.27	0.81	0.37	0.26
	随机森林	0.80	0.41	0.28	0.85	0.33	0.23
	神经网络	0.77	0.42	0.27	0.80	0.39	0.26
	支持向量机	0.81	0.38	0.26	0.81	0.38	0.25

6.4.3　不同生物量估算方法对比

　　总体而言，只包括两个遥感变量（T_{10} 和 mean）的数据集（即数据集 2、4、6）的 R^2 值比相对应的同种数据源的包括所有变量（mean、T_{10}、SD、CV、max）的数据集（即数据集 1、3、5）的 R^2 值高，但 RMSE 和 MAPE 值比数据集 1、3、5低，尤其是在 LiDAR 数据集中更为显著（图 6.10）。该结果表明，对生物量敏感

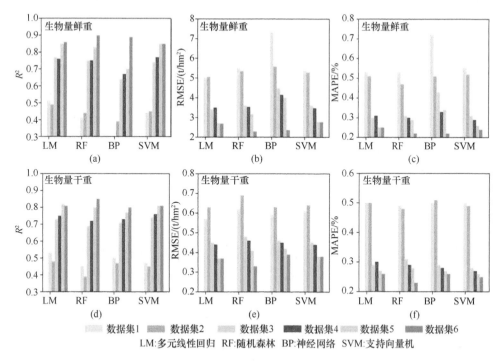

图 6.10　基于六个无人机遥感数据集的玉米生物量估算精度对比

的无人机遥感指标的筛选可以提升生物量的估算精度。对比四种算法，多元线性
回归方法与随机森林和支持向量机估算的 R^2、RMSE 和 MAPE 值接近。这表明，
在本章研究中，机器学习方法（随机森林、神经网络、支持向量机）与传统的多
元线性回归方法相比，并没有显著的估算精度优势。对比三种机器学习方法，总
体而言，神经网络的估算精度较差且不太稳定，而随机森林和支持向量机的估算
精度较高，且模型性能稳健。

比较三种数据，点云密度最稀疏的 MultiSPEC-4C 数据集（1 和 2）的 R^2 值约
为 0.50，中等空间分辨率/点云密度的 Micasense RedEdge-M 数据集（3 和 4）的
R^2 值为 0.70~0.75，而高空间分辨率/点云密度的 AL3-32 LiDAR 数据集（5 和 6）
的 R^2 值则接近 0.85；相应地，RMSE 和 MAPE 值为 AL3-32 LiDAR ＜ Micasense
RedEdge-M ＜ MultiSPEC-4C。这表明，使用无人机遥感点云数据生成的作物表面
高程栅格的空间分辨率，即无人机遥感点云的空间密度是影响生物量估算的重
要因素；分辨率过于粗糙/点云过于稀疏会导致估算精度较低，而具有高空间分
辨率/高密度点云的遥感数据则会提升估算精度。

6.5 小　结

本章研究使用三种具有不同密度（空间分辨率）的无人机三维点云数据，即 AL3-32 LiDAR、MicaSense RedEdge-M 和 MultiSPEC-4C 数据，采用多元线性回归和机器学习方法估算玉米地上生物量。研究结果表明：①无人机遥感点云数据的密度/空间分辨率是决定生物量估算精度的关键因素；点云数据的空间分辨率越高，对应的生物量估算精度越高。②无人机遥感三维结构指标的筛选会对玉米地上生物量产生显著影响；在本研究使用的 5 个统计变量中，mean 和 T_{10} 与生物量相关性最强，且仅包括这两个变量的数据集比包括所有统计变量的数据集的生物量估算精度更高。③多元线性回归和三种机器学习方法在生物量的估算中都表现良好；在机器学习模型中，支持向量机和随机森林更稳健，因此推荐用于生物量估算。

参 考 文 献

Aasen H, Burkart A, Bolten A, et al. 2015. Generating 3D hyperspectral information with lightweight UAV snapshot cameras for vegetation monitoring: From camera calibration to quality assurance. ISPRS Journal of Photogrammetry and Remote Sensing, 108: 245-259.

Bendig J, Bolten A, Bennertz S, et al. 2014. Estimating biomass of barley using crop surface models (CSMs)derived from UAV-Based RGB imaging. Remote Sensing, 6: 10395010412.

Bendig J, Yu K, Aasen H, et al. 2015. Combining UAV-based plant height from crop surface models, visible, and near infrared vegetation indices for biomass monitoring in barley. International Journal of Applied Earth Observation and Geoinformation, 39: 79-87.

Berger K, Atzberger C, Danner M, et al. 2018. Evaluation of the PROSAIL model capabilities for future hyperspectral model environments: A review study. Remote Sensing, 10: 85.

Brede B, Lau A, Bartholomeus H, et al. 2017. Comparing RIEGL RiCOPTER UAV LiDAR derived canopy height and dBH with terrestrial LiDAR. Sensors, 17: 2371.

Cao L, Liu H, Fu X, et al. 2019. Comparison of UAV LiDAR and Digital Aerial Photogrammetry point clouds for estimating forest structural attributes in subtropical planted forests. Forests, 10: 145.

Chang A, Jung J, Maeda M M, et al. 2017. Crop height monitoring with digital imagery from Unmanned Aerial System (UAS). Computers and Electronics in Agriculture, 141: 232-237.

Cheng G, Han J, Lu X. 2017. Remote sensing image scene classification: Benchmark and State of the Art. Proc. IEEE, 105: 1865-1883.

González-Jaramillo V, Fries A, Bendix J. 2019. AGB estimation in a Tropical Mountain Forest

(TMF)by means of RGB and multispectral images using an Unmanned Aerial Vehicle (UAV). Remote Sensing, 11: 1413.

Karpina M, Jarząbek-Rychard M, Tymków P, et al. 2016. UAV-based Automatic tree growth measurement for biomass estimation. The International of the Photogrammetry, Remote Sensing and Spatial Information Sciences, International Archives Photogramm, XLI-B8: 685-688.

Lu B, He Y, Liu H. 2018. Mapping vegetation biophysical and biochemical properties using unmanned aerial vehicles-acquired imagery. International Journal of Remote Sensing, 39: 5265-5287.

Luo S, Wang C, Xi X, et al. 2017. Fusion of airborne LiDAR data and hyperspectral imagery for aboveground and belowground forest biomass estimation. Ecological Indicators, 73: 378-387.

Ma J, Li Y, Chen Y, et al. 2019. Estimating above ground biomass of winter wheat at early growth stages using digital images and deep convolutional neural network. European Journal of Agronomy, 103: 117-129.

Maimaitijiang M, Sagan V, Sidike P, et al. 2020. Soybean yield prediction from UAV using multimodal data fusion and deep learning. Remote Sensing of Environment, 237: 111599.

Mishra V N, Prasad R, Rai P K, et al. 2019. Performance evaluation of textural features in improving land use/land cover classification accuracy of heterogeneous landscape using multi-sensor remote sensing data. Earth Science Informatics, 12: 71-86.

Myint S W, Gober P, Brazel A, et al. 2011. Per-pixel vs. object-based classification of urban land cover extraction using high spatial resolution imagery. Remote Sensing of Environment, 115: 1145-1161.

Wei S, Fang H. 2016. Estimation of canopy clumping index from MISR and MODIS sensors using the normalized difference hotspot and darkspot (NDHD) method: The influence of BRDF models and solar zenith angle. Remote Sensing of Environment, 187: 476-491.

Xie T, Li J, Yang C, et al. 2021. Crop height estimation based on UAV images: Methods, errors, and strategies. Computers and Electronics in Agricture, 185: 106155.

Yang G, Liu J, Zhao C, et al. 2017. Unmanned aerial vehicle remote sensing for field-based crop phenotyping: Current status and perspectives. Frontiers in Plant Science, 8: 1111.

Yao X, Wang N, Liu Y, et al. 2017. Estimation of wheat LAI at middle to high levels using unmanned aerial vehicle narrowband multispectral imagery. Remote Sensing, 9: 1304.

Yue J, Yang G, Li C, et al. 2017. Estimation of winter wheat above-ground biomass using unmanned aerial vehicle-based snapshot hyperspectral sensor and crop height improved models. Remote Sensing, 9: 708.

第 **7** 章

作物倒伏无人机遥感监测

7.1 案例背景

作物常常受病虫害、洪涝等自然灾害和栽培管理过程中的种植密度过高、氮肥过量等因素影响，导致倒伏灾情出现（韩东等，2018）。作物生育中、后期任一时期发生倒伏，都会显著降低作物产量和品质，对粮食安全造成巨大隐患（中华磊等，2022）。因此，研究作物倒伏无损监测方法对世界粮食安全具有重要的意义。

遥感可以准确获取农作物时空变化信息，为监测作物倒伏提供有力支撑。传统的遥感监测作物倒伏的技术手段有：近地遥感、载人飞机遥感和卫星遥感等（Chauhan et al.，2019a）。在近地遥感观测方面，Ogden 等（2002）利用车载传感器获取倒伏水稻图像，通过分析可见光和近红外波段的光谱信息，很好地实现了水稻倒伏的监测；Gerten 和 Wiese（1987）利用载人飞机航拍冬小麦倒伏区域影像，分析了倒伏与根腐病导致的产量下降；李宗南等（2016）从WorldView-2 卫星图像选择红边波段、近红外波段 1 及近红外波段 2 三个波段作为优选波段，采用最大似然分类法获得玉米倒伏区，平均误差为 4.7%。这些结果促进了遥感技术在倒伏监测中的应用。然而，近地遥感无法获取大面积的作物倒伏信息；载人飞机遥感平台的使用成本较高；卫星遥感易受天气、重返周期、空间分辨率等因素影响，使得上述技术在农作物倒伏灾情动态、实时监测中难以普及应用。

与传统遥感平台相比，无人机在机动性、灵活度、成本等方面都具有明显优势，能为地块和县域尺度作物倒伏监测提供有力的数据支持。基于传统机器学习方法，学者们开展了不少研究。基于无人机获取的可见光影像和热红外影像作为分类数据源，Liu 等（2018）通过组合颜色特征、纹理特征和温度特征，使用基于粒子群优化的支持向量机（PSO-SVM）模型提取倒伏区域，得到的预测倒伏占比与实际倒伏占比的相关系数在 0.9 以上。使用无人机多光谱图像，Chauhan 等（2019b）利用多分辨率分割（MRS）和最近邻分类算法，根据倒伏的严重程度，将小麦倒伏区分为正常、中度、严重和非常严重，他们认为红边和近红外波段影像可以有效地用于区分这四个类别，总体准确率为 90%。近年来，深度学习算法发展迅速。随着神经网络维数的增加，这些算法可以逼近许多复杂的函数。深度学习算法在复杂场景下的应用潜力高于传统机器学习算法。Zhao 等（2019）使用 UNet 网络提取了晚熟水稻的倒伏面积，获得了较高的分类精度，Dice 系数达到 0.94；Yang 等（2020）使用 RGB 影像和 FCN-AlexNet 网络提取水稻的倒伏区域，实现倒伏提取精度达到 0.94。上述研究在作物单生育期的倒伏区域提取方面得到较好的结果，但目前鲜有探索作物多个生育期倒伏提取的方法，使得获得的结果难以在实际应用中发挥作用。开发作物多个长期的倒伏检测算法，可以在整个生长季监测倒伏，从而促进有效的田间管理策略的制定，以确保作物生产力。

DeepLabv3+网络被广泛应用于处理各种复杂场景中的图像分割问题，如自动绘制滑塌区域、船舶图像分割、道路坑洞提取等（Huang et al.，2020；Wu et al.，2019；Zhang et al.，2020）。但是，DeepLabv3+网络训练需要大量数据以及对应标签，不适合数据量较少的情况。迁移学习方法通常用于通过模型的超参数迁移，实现源域和目标域之间的知识共享。当目标域中的数据量有限时，可以针对同一任务从源域中的数据中获取全部（或部分）模型参数，并将其传递给目标域模型。随后，通过微调的方式实现模型在目标域的训练，有效解决了小数据样本下模型训练的问题。学者们已将这种深度学习方法应用于农业活动，如高密度杂草间的油菜提取、甜菜幼苗与马铃薯幼苗分类、植物病害监测等（Abdalla et al.，2019；Barbedo，2018；Suh et al.，2018）。以上案例经迁移学习方法训练深度学习模型后取得好的结果，但是没有在作物倒伏监测方面进行尝试应用。

本章研究以小麦为例，基于无人机获得的冠层影像，构建耦合 DeepLabv3+网络和迁移学习方法的小麦倒伏监测模型，并将提出的方法与经典的浅层分割网络 UNet 的倒伏监测结果进行比较，从而为作物倒伏精准监测提供新的技术方案。

7.2 研究区与试验方案

7.2.1 研究区概况

研究区设置在中国安徽省合肥市庐江县白湖农场（31°13′N，117°27′E）。区内属亚热带季风气候，冬暖夏热，年降水量 800～1500 mm，年平均气温 13～20℃。这些条件非常适合小麦的种植和生产。本章研究使用小麦品种'宁麦 13 号'；小区面积为 3 m×4 m，总小区数为 30。所有小区的种植密度为 330 万株/hm^2，P$_2$O$_5$ 和 K$_2$O 使用量为 120 kg/hm^2。田间设置了四种施氮水平：0（N0）、120 kg N/hm^2（N120）、180 kg N/hm^2（N180）和 240 kg N/hm^2（N240）。氮肥采用分步施肥的方式，分别在播种前和追肥期施用，施氮水平设定三个比例：7∶3、6∶4 和 5∶5。田间试验设计如图 7.1 所示。其中，追肥在小麦返青期进行，磷肥和钾肥全部基施。

N240(7∶3)	N240(6∶4)	N240(5∶5)	N180(7∶3)	N180(6∶4)	N180(5∶5)	N120(7∶3)	N120(6∶4)	N120(5∶5)	N0
N180(7∶3)	N180(6∶4)	N180(5∶5)	N240(7∶3)	N240(6∶4)	N240(5∶5)	N120(7∶3)	N120(6∶4)	N120(5∶5)	N0
N120(7∶3)	N120(6∶4)	N120(5∶5)	N180(7∶3)	N180(6∶4)	N180(5∶5)	N240(7∶3)	N240(6∶4)	N240(5∶5)	N0

图 7.1 田间试验设计

7.2.2 数据采集与预处理

在小麦生长的开花早期（2019 年 4 月 20 日）、开花晚期（2019 年 4 月 24 日）、灌浆期（2019 年 5 月 1 日）、成熟早期（2019 年 5 月 9 日）、成熟晚期（2019 年 5 月 18 日）收集无人机影像和地面倒伏区域信息。影像数据由大疆精灵无人机搭载 DJI Phantom 4 pro（大疆创新科技有限公司，深圳，中国）相机和 MAPIR Survey3（MAPIR 公司，圣迭戈，美国）相机获取。单张 RGB（red green blue）图像大小为 5472×3648；多光谱图像包括红色、绿色和近红外（red green near infrared，RGN）三个通道，单张图像大小为 4032 × 3024。使用 DJI GS Pro 软件进行航线设计。RGB 影像的航向和旁向重叠率均设置为 80%，而多光谱影像的航向和旁向重叠率分别设置为 70% 和 75%。飞行高度和速度分别设置为 20 m 和 3 m/s。可见光和多光谱相机的拍摄间隔分别设置为 2 s 和 3 s。对应获取可见光影像的分辨率为 0.50 cm，多光谱影像的分辨率为 0.92 cm。无人机图像采集参数如表 7.1 所示。

表 7.1　无人机影像获取相关参数

相机类型	DJI Phantom 4 Pro	MAPIR Survey3
飞行高度/m	20	
速度/（m/s）	3	
采样时间间隔/s	2	3
重叠率（航向和旁向）/%	80，80	70，75
空间分辨率/cm	0.50	0.92

数据采集过程共获得 223 张 RGB 原始影像和 271 张 RGN 原始影像。其中，RGB 相机由无人机精确控制，进入航线才开始拍照，航线结束终止拍照，未出现多余的影像；多光谱相机为起飞前手动开始等时间间隔拍照，因此当无人机起飞和降落时会有多拍的影像，通过去除航道以外图片，最终得到 159 张 RGN 影像。

对于影像预处理，首先使用 Photoscan（Agrisoft 公司，圣彼得堡，俄罗斯）软件，分别将每个小麦生长阶段获得的可见光影像和 RGN 影像进行拼接。在此过程中，GPS 点由天宝 R2（Trimble 公司，斯图加特，德国）设备采集，并用于几何校正，误差仅为 2 cm。此外，还使用白板将 RGN 影像 DN（digital number）值转换为反射率。然后，使用 Photoshop 软件（Adobe 公司，圣何塞，美国）对拼接后的 RGB 和 RGN 图像进行剪辑，只保留试验区的影像。

每个小麦生长阶段的实际倒伏面积是基于 RGB 影像，通过目视解译方法获得的。在此过程中，根据农艺专家的经验进行判读，使用 labelme 软件［计算机科学与人工智能实验室（CSAIL），波士顿，美国］手动勾画小麦倒伏区。五个小麦生长阶段的 RGB 影像和相应的标识的倒伏区域如图 7.2 所示。

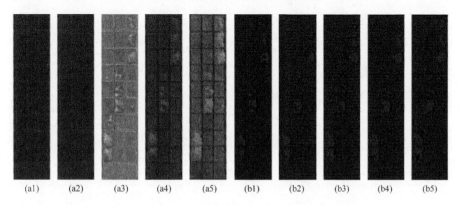

图 7.2　小麦不同生长阶段 RGB 影像［（a1）～（a5）］和相应标识的倒伏区域［（b1）～（b5），标记为红色］

7.3 监测流程与算法

7.3.1 倒伏提取新方法

DeepLabv3+模型由编码模块和解码模块两个部分组成。其中，编码模块由改进的 Xception 和空洞空间金字塔池化（atrous spatial pyramid pooling，ASPP）组成，如图 7.3 所示。Xception 网络的框架包括三个部分：输入流、中间流以及输出流。其中，输入流用于对输入图像进行下采样以降低空间维度，而中间流用

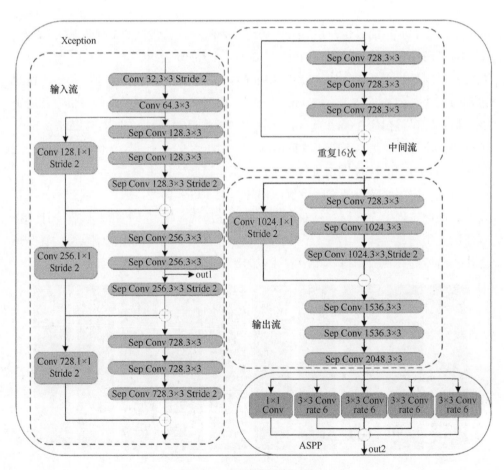

图 7.3 编码模块网络结构

于不断学习关联关系，优化特征，并最终通过输出流对特征进行排序以获得粗略的得分图。得分图通过 ASPP 网络从不同角度提取特征以实现特征聚合。解码层由低层和高层特征组合实现，如图 7.4 所示。通过将图像像素的位置信息与空间信息相结合以获得最终的分类图。该模型结构利用空洞卷积和深度可分离卷积在增加特征获取层数的同时抑制模型参数的增加（Chen et al., 2018）。在获得的无人机影像中，小麦倒伏区域与正常生长区域面积差距较大，使得最终获得的样本中有正常与倒伏样本出现比例极度不均匀的情况，本章研究采用 Tversky 函数作为 DeepLabv3+网络的损失函数。该损失函数是基于 Tversky 指数构建的，很好地平衡了精度与召回率（Salehi et al., 2017）。该损失函数计算公式如式（7.1）所示：

$$TL = 1 - \frac{TP + \varepsilon}{TP + \alpha FN + \beta FP + \varepsilon} \tag{7.1}$$

式中，TL 为 Tversky 指数；α 值为 0.3；β 值为 0.7；ε 值为 10^{-7}；TP（true positives）为被正确划分为倒伏小麦的区域；FP（false positives）为被错误划分为倒伏小麦的区域；FN（false negatives）为被错误划分为正常小麦的区域。

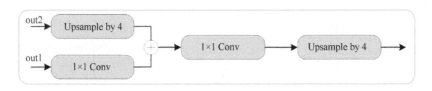

图 7.4   解码模块网络结构

本章研究采用迁移学习的方法对 DeepLabv3+网络进行训练，设计出适用于有限训练样本的小麦倒伏预测模型。在这一过程中，首先使用具有足够数量数据的预先设计的数据集来预训练 DeepLabv3+网络；其次，丢弃 DeepLabv3+网络最后一层的参数，保留其他层的剩余参数；最后，利用本章研究收集的数据集训练 DeepLabv3+网络，得到最后一层的参数。在对 DeepLabv3+网络进行微调后，形成倒伏提取模型。需要注意的是，DeepLabv3+网络基于 Keras 框架，以 Tensorflow 为后端，使用的优化器为 Adadelta（默认使用原始参数）。此外，由于 PASCAL VOC2012 增强数据集具有足够多样和复杂的数据，因此它被用于预训练 DeepLabv3+网络。图 7.5 显示了 DeepLabv3+网络与迁移学习方法相耦合的流程。

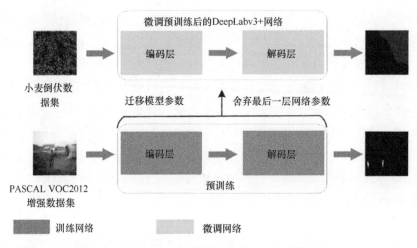

图 7.5　DeepLabv3+网络和迁移学习方法耦合流程图

7.3.2　新方法与常用方法的比较

UNet 深度学习网络模型用来解决样本有限时的分类问题（Ronneberger et al.，2015），已在云阴影提取、森林树种分类、CT 图像病灶分割等多个领域得到应用（Li et al.，2020；Liu et al.，2019；Wieland et al.，2019）。在作物倒伏区提取中，Zhao 等（2019）使用 UNet 网络实现对水稻倒伏提取。为了验证提出的新方法在监测小麦倒伏方面的有效性，将所提出的方法与 UNet 方法进行比较。

在比较过程中，首先进行数据增广以获取足够多的样本量。此过程共分两步：①分别针对研究区 RGB 影像和 RGN 影像，以 256 个像素为间隔进行滑窗采样，即图像大小为 256×256；5 个生育期共获得 1755 张 RGB 图片和 575 张 RGN 图片。②通过随机对上述采样的数据采取沿 x 轴或 y 轴翻转 90°、180° 或 270°，添加点噪声以及均值滤波方式进行数据增广，使得每组图像数量增加到 5000 张。其次，将上一步获得的样本数据分为建模数据集和验证数据集。其中，4000 张作为建模数据集，1000 张图像作为验证数据集。需要说明的是，为了避免单个生育期下无人机影像数据因光照、长势等差异造成的训练数据集与验证数据集数据不均衡，将增广后的 5 个生育期的数据打乱，随机抽取以形成训练数据集与验证数据集。然后，利用训练数据集，分别基于本章研究构建的深度学习模型和 UNet 网络模型来构建小麦倒伏的识别模型。最后，基于验证数据集来对基于本章研究提出方法构建的模型和 UNet 网络方法构建的模型进行验证，并开展对比分析，确定最优方法。为了评价模型的分类好坏，采用两种评价指标，分别是提取精度（precision）和 Dice 系数，相应公式如式（7.2）和式（7.3）所示。提取精度可以反映模型提取倒伏区域的准确性，Dice 系数综合正确分类与错误分类两个方面，体现模型的性能（Chang et al.，2009）。整个比较过程的技术路线图如图 7.6 所示。

$$\text{Precision} = \frac{\text{TP}}{\text{TP} + \text{FP}} \qquad (7.2)$$

$$\text{Dice} = \frac{2\text{TP}}{2\text{TP} + \text{FP} + \text{FN}} \qquad (7.3)$$

式中，TP、FP 和 FN 分别表示正确划分为倒伏小麦的区域、错误划分为倒伏小麦的区域和错误划分为正常小麦的区域。

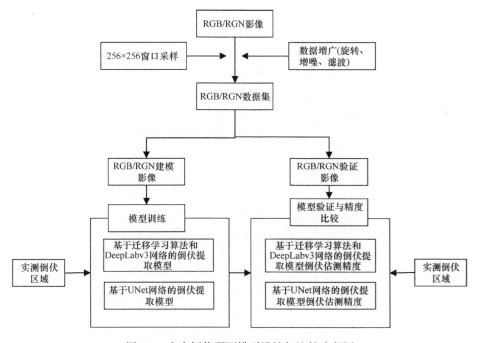

图 7.6　小麦倒伏预测模型设计与比较流程图

7.4　结　果　分　析

7.4.1　田间倒伏状况

0 和 120 kg N/hm^2 处理没有出现小麦倒伏，基施氮量为 180 kgN/hm^2 的小麦田块出现少量倒伏区域，基施氮量为 240 kgN/hm² 的小麦田块出现大面积倒伏区域。在固定施氮量下，倒伏的严重程度随着追施氮的减少而增加。图 7.7 显示了不同施氮水平和不同氮肥基追比下小麦的倒伏情况。本章研究设计的田间试验产生的倒伏情况代表了实际田间可能出现的各种情形，为倒伏监测模型的设计提供了有效的数据支持。

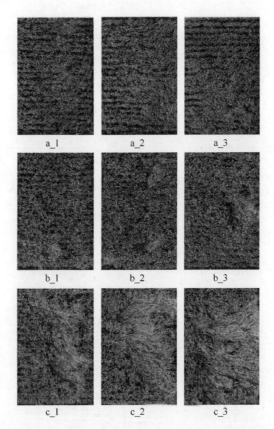

图 7.7　不同施肥量不同氮肥基追比下小麦倒伏情况

a_*：120 kgN/hm²；b_*：180 kgN/hm²；c_*：240 kgN/hm²。*_1：氮肥的基追比为 7∶3；*_2：氮肥的基追比为
6∶4；*_3：氮肥的基追比为 5∶5

7.4.2　不同方法监测效果对比

基于可见光影像，两种方法建模估测小麦倒伏的效果如图 7.8 所示。在小麦开花早期、开花晚期和成熟早期，本章研究提出的方法构建的模型的提取精度分

别为 0.814、0.848 和 0.877，对应的 Dice 系数分别为 0.818、0.882 和 0.904，均分别高于由 UNet 网络获得的提取精度和 Dice 系数。尽管在灌浆期和成熟晚期 UNet 网络模型的提取精度稍高于本研究提出的模型的结果，但是 UNet 网络获得的 Dice 系数均低于本章研究模型的结果。由此得出，本章研究提出的方法在五个生育期小麦倒伏提取中的表现要优于使用 UNet 网络获得的提取效果。

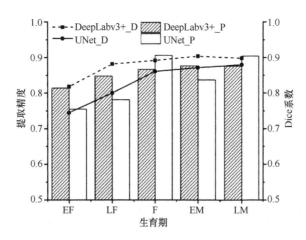

图 7.8　基于可见光影像本研究新提出方法与 UNet 方法提取倒伏区域验证结果
实线代表 Dice 系数；直方图代表提取精度。EF 代表开花早期；LF 代表开花晚期；F 代表灌浆期；EM 代表成熟早期；LM 代表成熟晚期

使用多光谱 RGN 影像作为数据集，基于两种深度学习方法获得 5 个生育期小麦倒伏提取结果，如图 7.9 所示。本章研究提出模型获得的开花早期、成熟早期和成熟晚期的倒伏分类精度与 Dice 系数均高于 0.9。UNet 网络获得的倒伏分类效果仅在灌浆期有较好的表现，分类精度与 Dice 系数分别为 0.746 和 0.815。总的来说，基于多光谱影像，本章研究提出的方法在小麦多个生育期均优于经典的 UNet 网络模型。

7.4.3　与已有研究的比较

如前所示，传统的作物倒伏区域提取研究多利用支持向量机、决策树、最大似然等方法实现对作物单生育期倒伏区域的监测（李宗南等，2016；Liu et al.，2018；Ogden et al.，2002；Yang et al.，2017）。基于无人机 RGB 图像中提取的光谱、纹理和 DSM 特征，Yang 等（2017）使用决策树算法作为分类器来获取水稻成

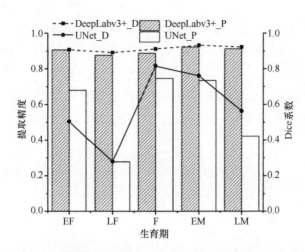

图 7.9　基于多光谱影像本研究新提出方法与 UNet 方法提取倒伏区域验证结果

实线代表 Dice 系数；直方图代表提取精度。EF 代表开花早期；LF 代表开花晚期；F 代表灌浆期；EM 代表成熟早期；LM 代表成熟晚期

熟期的倒伏状态，准确率达到 0.83；基于无人机的多光谱数据，Chauhan 等（2019b）采用 MRS 算法和最近邻分类算法实现不同等级小麦倒伏的提取，总体精度达到 0.93；Hang 等（2018）构建最佳极化指数，提取玉米灌浆期三种不同程度倒伏的精度达到 0.93。除了使用传统方法进行的研究外，还有一些研究使用深度学习方法来监测单个生育期作物倒伏。Zhao 等（2019）使用浅层分割网络 UNet 实现晚期水稻倒伏区域提取，数据集大小为 5000，Dice 系数为 0.94。Yang 等（2020）使用可见光影像数据训练浅层分割网络 FCN-AlexNet 实现水稻倒伏的监测，数据量大小为 3485，精度为 0.94。相比以上单生育期的作物倒伏提取结果，本章研究中由可见光影像获得的模型对单生育期的小麦提取精度在 0.814～0.877，使用多光谱影像获得的模型对单生育期的小麦提取精度在 0.876～0.923，可以发现由多生育期影像构建的 DeepLabv3+模型，对于单生育期倒伏小麦的提取效果与已有研究基于传统方法构建的单生育期模型估测效果相近，但它同时适合多生育期估测，表现出可应用推广的优势。此外，本章研究仅使用 4000 个样本来训练监测小麦倒伏五个生育期的模型，而之前采用深度学习方法的研究使用 3400～5000 个样本来训练监测单个作物生育期的模型。因此，本章研究耦合迁移学习和 DeepLabv3+ 网络方法所需使用的训练样本量明显低于先前研究中使用的方法，大大降低了建模成本。

　　由于栽培管理、气候环境、病害等因素对作物倒伏的影响不同，作物倒伏出现的时间不同，因此作物倒伏在不同生育期表现不同，尤其在不同年份间差异较大。已有的单一生育期作物倒伏监测方法，没有综合考虑不同生育期的特征差异，可能导致该模型难以进行实际农业生产应用。围绕上述问题，摸清小麦倒伏无损监测方法与多个致灾因素之间的关系，获取多个生育期倒伏区域信息显得尤为重要的。本章研究结合 DeepLabv3+网络和迁移学习方法开发小麦倒伏监测模型，在多个生育期下都有好的监测效果，具有较好的应用前景。通过对多生育期小麦倒伏的监测，可以发现小麦倒伏的演变趋势，从而为倒伏监测提供有力支撑。

7.5 小　结

综上所述，利用无人机遥感获取田间观测数据，基于迁移学习方法训练DeepLabv3+模型，可以高效地实现对小麦多生育期倒伏区域精准提取，为小麦倒伏区域变化监测、受灾情况评估以及倒伏影响因素分析等提供有力的支持。另外，本章研究使用了可见光和多光谱两款常用光学相机，从整理结果上看，多光谱影像获得的多生育期小麦倒伏提取效果优于可见光影像获得的效果。这可能是因为小麦发生倒伏后，多个器官如穗、叶片和茎秆等部位间的光谱散射次数减少造成反射率大大降低，多光谱相机的近红外波段可以更好地捕捉这些信息，所以监测精度高于可见光。由此推断，选择合适的光谱波段将有助于提高作物倒伏的分类效果。因此，对于未来的研究，可以考虑通过采集高光谱无人机图像研究小麦倒伏监测的敏感波段，使用这些波段制造多光谱传感器，以改善小麦倒伏监测精度，同时降低监测成本。

参 考 文 献

韩东, 杨浩, 杨贵军, 等. 2018. 基于 Sentinel-1 雷达影像的玉米倒伏监测模型. 农业工程学报, 34(3): 166-172.

李宗南, 陈仲新, 任国业, 等. 2016. 基于Worldview-2影像的玉米倒伏面积估算. 农业工程学报, 32(2): 1-5.

申华磊, 苏歆琪, 赵巧丽, 等. 2022. 基于深度学习的无人机遥感小麦倒伏面积提取方法. 农业机械学报, 53(9): 252-260, 241.

Abdalla A, Cen H, Wan L, et al. 2019. Fine-tuning convolutional neural network with transfer learning for semantic segmentation of ground-level oilseed rape images in a field with high weed pressure. Computers and Electronics in Argrculture, 167: 105091.

Ampatzidis Y, Partel V, Meyering B, et al. 2019. Citrus rootstock evaluation utilizing UAV-based remote sensing and artificial intelligence. Computers and Electronics in Argrculture, 164: 104900.

Barbedo J G A. 2018. Impact of dataset size and variety on the effectiveness of deep learning and transfer learning for plant disease classification. Computers and Electronics in Argrculture, 153: 46-53.

Berry P M, Griffin J M, Sylvester-Bradley R, et al. 2000. Controlling plant form through husbandry to minimise lodging in wheat. Field Crops Research, 67(1): 59-81.

Chang H H, Zhuang A H, Valentino D J, et al. 2009. Performance measure characterization for evaluating neuroimage segmentation algorithms. Neuroimage, 47(1): 122-135.

Chauhan S, Darvishzadeh R, Boschetti M, et al. 2019a. Remote sensing-based crop lodging assessment: Current status and perspectives. Isprs Journal of Photogrammetry and Remote Sensing, 151: 124-140.

Chauhan S, Darvishzadeh R, Lu Y, et al. 2019b. Wheat lodging assessment using multispectral uav Data//ISPRS-International Archives of the Photogrammetry, Remote Sensing and Spatial Information Sciences. Enschede, the Netherlands, 13: 235-240.

Chen L C, Zhu Y, Papandreou G, et al. 2018. Encoder-decoder with Atrous Separable Convolution for Semantic Image Segmentation. Munich: Proceedings of the European Conference on Computer Vision (ECCV).

Gerten D M, Wiese M V. 1987. Microcomputer-assisted video image analysis of lodging in winter wheat. Photogrammetric Engineering and Remote Sensing, 53(1): 83-88.

Hang D, Yang H, Yang G, et al. 2018. Monitoring model of maize lodging based on Sentinel-1 radar image. Transactions of the Chinese Society of Agricultural Engineering, 34(3): 166-172.

Huang L, Luo J, Lin Z, et al. 2020. Using deep learning to map retrogressive thaw slumps in the Beiluhe region (Tibetan Plateau)from CubeSat images. Remote Sensing of Environment, 237: 111534.

Islam M S, Peng S, Visperas R M, et al. 2007. Lodging-related morphological traits of hybrid rice in a tropical irrigated ecosystem. Field Crops Research, 101: 240-248.

Li X, Gong Z, Yin H, et al. 2020. A 3D deep supervised densely network for small organs of human temporal bone segmentation in CT images. Neural Networks, 124: 75-85.

Liu J, Wang X, Wang T. 2019. Classification of tree species and stock volume estimation in ground forest images using Deep Learning. Computers and Electronics in Argrculture, 166: 105012.

Liu T, Li R, Zhong X, et al. 2018. Estimates of rice lodging using indices derived from UAV visible and thermal infrared images. Agriculture and Forest Meteorology, 252: 144-154.

Ogden R T, Miller C E, Takezawa K, et al. 2002. Functional regression in crop lodging assessment with digital images. Journal of Agricultural Biological and Environmental Statistics, 7: 389-402.

Pan S J, Yang Q. 2009. A survey on transfer learning. IEEE Transactions on Knowledge and Data Engineering, 22(10): 1345-1359.

Quang Duy P, Hirano M, Sagawa S, et al. 2015. Analysis of the dry matter production process related to yield and yield components of rice plants grown under the practice of Nitrogen-Free basal dressing accompanied with sparse planting density. Plant Production Science, 7: 155-164.

Radoglou-Grammatikis P, Sarigiannidis P, Lagkas T, et al. 2020. A compilation of UAV applications for precision agriculture. Computer Networks, 172: 107148.

Ronneberger O, Fischer P, Brox T. 2015. U-net: Convolutional Networks for Biomedical Image Segmentation. Munich, Germany. International Conference on Medical Image Computing and Computer-assisted Intervention.

Salehi S S M, Erdogmus D, Gholipour A. 2017. Tversky loss function for image segmentation using 3D fully convolutional deep networks. In International Workshop on Machine Learning in Medical Imaging, 379-387.

Suh H K, Ijsselmuiden J, Hofstee J W, et al. 2018. Transfer learning for the classification of sugar beet and volunteer potato under field conditions. Biosystems Engineering, 174: 50-65.

Weiss M, Jacob F, Duveiller G. 2020. Remote sensing for agricultural applications: A meta-review. Remote Sensing of Environment, 236: 111402.

Wieland M, Li Y, Martinis S. 2019. Multi-sensor cloud and cloud shadow segmentation with a convolutional neural network. Remote Sensing of Environment, 230: 111203.

Wu H, Yao L, Xu Z, et al. 2019. Road pothole extraction and safety evaluation by integration of point cloud and images derived from mobile mapping sensors. Advanced Engineering Informatics, 42: 100936.

Yang M D, Huang K S, Kuo Y H, et al. 2017. Spatial and spectral hybrid image classification for rice lodging assessment through UAV Imagery. Remote Sensing, 9(6): 583.

Yang M D, Tseng H H, Hsu Y C, et al. 2020. Semantic segmentation using deep learning with vegetation indices for rice lodging identification in multi-date UAV visible images. Remote Sensing, 12(4): 633.

Zhang W, He X, Li W, et al. 2020. An integrated ship segmentation method based on discriminator and extractor. Image and Vision Computing, 93: 103824.

Zhao X, Yuan Y, Song M, et al. 2019. Use of unmanned aerial vehicle imagery and deep learning UNet to extract rice lodging. Sensors, 19(18): 3859.

Zheng H, Zhou X, He J, et al. 2020. Early season detection of rice plants using RGB, NIR-G-B and multispectral images from unmanned aerial vehicle (UAV). Computer and Electronics in Agriculture, 169: 105223.

第 8 章

冬小麦麦苗密度无人机遥感监测

8.1 案 例 背 景

植株密度是作物生长的关键参数，能影响作物种内和种间在生长资源（如水、肥和光等）上的竞争关系，进而决定作物产量（Liu et al.，2017b）。同时，大田植株管理对于精准农业管理至关重要，能决定作物的生长和发育，以及指导定点精准灌溉和施肥（Ren et al.，2017；Zhang D et al.，2016）。因此，发展一种准确、详细且对作物无伤的植株密度观测手段是非常有必要的。

传统的植株密度观测方法主要是依靠田间采样（Liu et al.，2017a）。但是手动采样的方法既耗时费力，还会对作物造成伤害，因此也无法实现对大区域田块的详细观测（Bai et al.，2022）。遥感方法作为一种从作物顶部进行观测的手段能实现对作物进行大区域无伤观测。从观测平台来分，遥感观测主要分为三类：卫星、地面和无人机遥感（Jin et al.，2021）。卫星遥感主要是从太空中进行观测，因此能利用实地采样和植被指数之间的经验关系来实现广阔区域的作物分布情况反演（Mhango et al.，2021b）。但是由于分辨率受限制，卫星遥感对作物生长的细节情况展现的能力有限，更不能实现对大田中的单棵植株的识别和分析（Bai et al.，2022）。地面遥感能提供高分辨率的观测影像用于作物植株计数，并且也经常用于植株密度调查（Jiang et al.，2019；Liu et al.，2017a；Lu et al.，2022）。但是地面遥感可能受限于大型观测框架的设置（如龙门架），或者难以在大田尺度实现全景拍摄（如基于手持、观测柱，或无人农机的镜头），因此其在实际使用中具有一定的局限性。另外，无人机得益于硬件技术的发展和设备价格的降低，当前已经成为一种主流的作物观测平台（Jin et al.，2021）。由于飞行高度比较灵活，无人机也能获取高分辨率的影像用于分析单个植株（Jin et al.，2017）。

　　然而，在无人机影像上识别出具体的植株个体也是一个挑战（如本章研究中的一张无人机影像就包含超过 1000 棵麦苗植株）。尽管利用手动方法对无人机影像上的植株进行计数是最直接和简单的方式，但是处理多架次无人机飞行获取的大量影像却会变得既费时也费力（Oh et al.，2020）。为了解决这个问题，科学家们提出了不同的自动计数技术用于估算遥感影像上的植株密度（Mhango et al.，2021a；Osco et al.，2021；Valente et al.，2020）。首先，基于像素的分类方法是最简单和通用的用于影像上植株计数的方法，如阈值法和监督回归（或分类）方法（Liu et al.，2016；Shrestha and Steward，2003；Wu et al.，2022；Zhao et al.，2018）。这类方法一般能很好地分割像素，但是在计数时普遍精度较低（Zhang J et al.，2016）。为了提高植株计数的精度，机器学习算法被一些研究采用来区分影像上的植株个体（Banerjee et al.，2021；Jin et al.，2017）。然而，在植株间存在重叠情形等复杂条件下，机器学习算法在实现影像中植株个体自动计算方面精度仍然有限。

　　作为机器学习的一个前沿分支，深度学习在当前已经取得了长足的进展，同时也给遥感观测带来了新的可能（Lecun et al.，2015；Persello et al.，2022）。由于卷积神经网络在特征提取中的优势，基于深度学习的图像识别技术已经获得了丰硕的成果，并且随着计算机视觉技术的发展，这些成果还在高速积累（Zhang L et al.，2016）。当前，利用深度学习来估算植株密度逐渐变得流行起来（Kitano et al.，2019；Lu et al.，2022；Mhango et al.，2021a；Oh et al.，2020）。但是当前采用的深度学习方法主要是基于边界框（bounding box）的目标识别算法，而这种算法在针对密集型植株时会有较大缺陷，因为算法中的非极大值抑制（non-maximum suppression，NMS）操作会抑制掉绝大部分相互重叠的边界框（Neubeck and van Gool，2006）。一般而言，植株密度会在作物生长早期就固定下来。很大一部分作物（如玉米，大豆等）如果不在生长期间遇到严重的胁迫作用，植株密度会在发芽之后就一直基本保持不变。但是也有一些作物（如小麦、水稻等）会在生长过程中通过分蘖机制来补充稀疏的幼苗（Liu et al.，2017a）。对于麦苗密度观测而言，当前的研究基本是针对发芽后不久，当幼苗还以独立个体形式表现时对植株进行计数，而对于分蘖后比较密集的麦苗密度基本没有涉及。相较于发芽不久后的密度，分蘖后的麦苗密度对小麦产量的联系更紧密，对作物后期管理的指导作用也更大。

　　因此，本章研究的目标是利用无人机和深度学习技术，对分蘖后的小麦密度进行识别。为了实现这个目的，本章研究开发了一个名为 DeNet 的深度学习模型来生成小麦密度热力图，然后通过热力图来实现麦苗密度计算。为了评估模型表现，将提出的深度学习模型分别在目视解译的图像和实地采样数据上进行了验证和测试。

8.2 研究区与试验方案

8.2.1 研究区与地面样本测量

小麦植株计数实地调查实验于 2021 年 3 月 29～31 日在东营站完成，具体的采样地点位于三个采样区内［图 8.1（a）］。三个采样框设置区域选在了采样区的

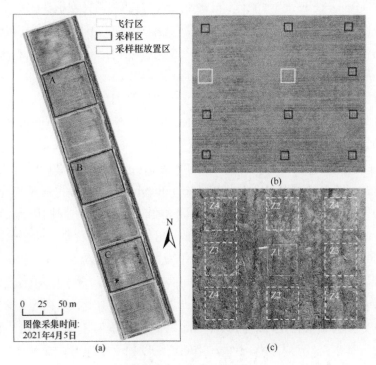

图 8.1 研究区示意图

（a）研究区的 7 个小麦种植田块包括三个采样区（红色方框）和四个飞行区（橙色方框），蓝色方框为放置采样框的区域，更多细节见（b）；（b）12 个采样框放置的位置（其中红色框为 10 个 0.5 m×0.5 m 采样框的位置，黄色为 2 个 1 m×1 m 被本章研究弃用的采样框的位置，弃用的原因是样框大小不适应深度学习模型）；（c）一张包含采样框在中心位置（Z1）的无人机影像，另外 8 个虚线框为采样框在图像上的其他位置（Z2、Z3 和 Z4）

中间位置，为了避免作物生长的边界效应，这三个区域的小麦密度等级由 B 到 A 再到 C 呈现一个递增趋势。有 10 个 0.5 m×0.5 m 的采样框被放置在每个采样框放置区域。在实地调查时，小麦已经基本分蘖完毕。在小麦密度实地调查中，具有主茎和具有三片以上完全发育的叶片的麦苗就视为一棵单独的植株，这主要是因为有三片或三片以上的植株会在营养输送上从主苗上独立出来（Peterson et al.，1982）。最终，30 个采样框中的麦苗密度被记录了下来，密度区间在 45～126 棵/样框。

8.2.2　无人机数据获取

实验中采用的无人机型号是大疆御 2（大疆创新科技有限公司，深圳），镜头使用的是无人机自带的镜头（表 8.1）。这套无人机系统能拍摄 4800 万像素（8000×6000）的可见光影像。在实验中，无人机的飞行高度控制在了距离地面 3 m 的位置，影像的地面分辨率大约 0.4 mm。

表 8.1　研究中使用的无人机和载荷部分参数

无人机类型	载荷	载荷类型	影像分辨率	飞行高度/m	地面分辨率/mm
大疆御 2	内置镜头	RGB 镜头	8000×6000	3	0.4

无人机飞行试验完成的时间是 2021 年 3 月 27～28 日。无人机飞行实验主要分为两个部分，即包含和不包含采样框。对于包含采样框的部分，无人机系统在每个采样框上方拍摄 9 张影像。9 张影像中，每张影像分别对应采样框在图像上的不同位置 [图 8.1 (c)]。对于不包含采样框的部分，无人机系统在四个飞行区 [图 8.1 (b)] 上方的随机位置获取影像，但是影像之间没有重叠位置，并且考虑了小麦生长的边界效应。最后，在无人机飞行实验中总计获取了 370 张影像，其中 270 张包含采样框，100 张不包含采样框。

8.3　监测流程与算法

8.3.1　密度监测新方法

本章研究中的麦苗密度监测模型主要包括：网络结构、高斯热力图、损失方程、模型评价和运行环境五个部分。

1. 网络结构

为了实现麦苗密度估算，本章研究设计了一个基于深度学习和高斯热力图的模型 [图 8.2（a）]，并提出了一个基于卷积神经网络的 DeNet 网络结构。同时，SegNet 和 UNet 两个经典的深度学习网络结构被用来与 DeNet 进行对比，来评估该网络结构的性能（Badrinarayanan et al.，2017；Ronneberger et al.，2015）。从结构形式上来看，DeNet 也可以看成是 SegNet 和 UNet 两个网络结构的延续，因为 DeNet 具有与 SegNet 或 UNet 相似的结构形式 [图 8.2（b）～图 8.2（d）]。为了提高模型的表现，DeNet 在 UNet 的基础上增加了一个全局注意力（global scale attention，GSA）机制的分支。增加这个分支的主要目的是提高模型辨别小麦植株和背景（如土壤和秸秆）的能力。需要说明的是，全局注意力机制的添加参考了已有研究的网络结构（Hossain et al.，2019；Sam et al.，2017；Sindagi and Patel，2017），不过在本章 DeNet 网络结构中，采用了相对较浅的卷积层，并且只包含一次下采样操作（跨度为 2）。这是因为这个结构主要是用于提取基于像素的颜色特征（麦苗是绿色，而背景基本是土黄色）。而较深的卷积神经网络善于提取的纹理、结构和边界等高维度的空间特征在这个分支上需求并不高。同时，这样的设计也会使全局注意力机制不会消耗过多的算力。总之，这个全局注意力机制的设计主要是为了从图像全局上实现有效且高效的植株和背景分离。

2. 高斯热力图

在本章研究的麦苗密度估算模型中，高斯热力图是实现图像特征与植株数之间联系的桥梁。高斯热力图也是很多基于特征点的深度学习任务的共同做法，如人的姿势估算（human pose estimation）、基于关键点的目标识别（keypoint-based object detection）和人群计数（crowd counting）等（Bendali-Braham et al.，2021；Duan et al.，2019；Munea et al.，2020）。高斯热力图通过将图像上的点利用高斯核运算并归一化产生。首先，具体某个标记的点会通过一个高斯核分布来给周围一定窗口中的像素赋予热力值 [式（8.1）]。然后，这个窗口中的热力会被整个窗口中的热力值之和归一化 [式（8.2）]。最后，这个具体的点生成的热力值会被叠加到整张热力图上，并且在标记的点上依次循环下去。在这里，默认的 sigma 值（σ）

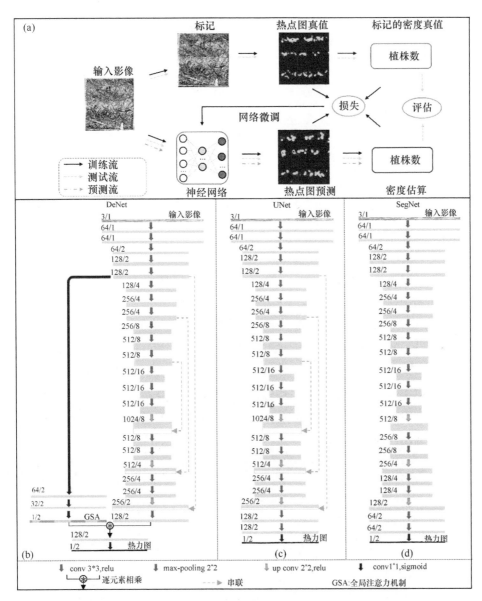

图 8.2　植株密度估算模型工作流概览图（a），以及三种不同的网络结构图［(b) DeNet、(c)
UNet 和（d）SegNet］

图中的数字以'*m/n*'形式出现在各个神经网络层左上方，其中 *m* 代表通道数，*n* 代表下采样跨度。

被默认设置为 15，而每个点的窗口（μ）被设为 sigma 值的 2 倍。另外，从预测的热
力图上计算植株数时，每个像素上的热力值会被累加起来代表植株数［式（8.3）］。

$$\text{Heat} = \frac{1}{\sigma\sqrt{2\pi}} e^{-\frac{x^2 + y^2}{2\sigma^2}} \tag{8.1}$$

$$\text{Heat}_{\text{normalized}} = \text{Heat} / \sum \text{Heat}_{\mu} \tag{8.2}$$

$$\text{Count} = \sum_{j=1}^{h} \sum_{k=1}^{w} \text{Heat}(j, k) \tag{8.3}$$

式中，σ 为高斯分布的尺度参数；x 和 y 分别为具体像素到标记点的横向和纵向距离（像素数）；Heat_{μ} 为窗口 μ 的范围内的热力值总和；h 和 w 分别为热力图的高度和宽度；$\text{Heat}(j, k)$ 为位置在 (j, k) 坐标上的像素的热力值。

3. 损失方程

植株密度估算模型的优化由一个包含三个分支的损失方程来实现，具体包括一个热力损失（L_{HM}）、一个全局注意力损失（L_{GSA}）、一个植株计数损失（L_{CT}）[式（8.4）]。其中，热力损失是预测的热力图和真值热力图之间的欧几里得距离 [式（8.5）]；全局注意力损失是预测的全局注意力图和真值全局注意力图之间的二元交叉熵 [式（8.6）]；植株计数损失是预测的植株数和真值植株数之间的相对差 [式（8.7）]。在三个分支中，热力损失在模型优化中起主要作用，而全局注意力损失和植株计数损失起辅助作用。其中，全局注意力损失只在 DeNet 网络结构的模型中使用，而在 SegNet 和 UNet 作为网络结构的模型中不使用。

$$L = \alpha L_{\text{HM}} + \beta L_{\text{GSA}} + \gamma L_{\text{CT}} \tag{8.4}$$

$$L_{\text{HM}} = \frac{1}{2n} \sum_{i=1}^{n} (x_i - y_i)^2 \tag{8.5}$$

$$L_{\text{GSA}} = -\frac{1}{n} \sum_{i=1}^{n} \left[l_i \times \lg p_i + (1 - l_i) \times \lg(1 - p_i) \right] \tag{8.6}$$

$$L_{\text{CT}} = \frac{\left| C_{\text{pre}} - C_{\text{GT}} \right|}{C_{\text{GT}}} \tag{8.7}$$

式中，n 为一张影像上总的像素数；x_i 和 y_i 分别为预测热力图和真值热力图上的热力值；l_i 和 p_i 分别为预测全局注意力图和真值全局注意力图具体像素上的分类（植株或者背景）；C_{GT} 和 C_{pre} 分别为具体影像上的植株预测数和真值数；α、β 和 γ 分别用于控制三种损失分支的权重，并且在模型中默认值分别为 1000、1 和 0.1。

4. 模型评价

有三种衡量标准被用来评估植株密度估算的结果，包括决定系数（R^2）、平均绝对误差（MAE）和均方根误差（RMSE），分别如式（8.8）～式（8.10）所示。

$$R^2 = 1 - \frac{\sum_{i=1}^{n}(PR_i - GT_i)^2}{\sum_{i=1}^{n}(PR_i - \overline{PR_i})^2} \tag{8.8}$$

$$MAE = \frac{\sum_{i=1}^{n}|PR_i - GT_i|}{n} \tag{8.9}$$

$$RMSE = \sqrt{\frac{\sum_{i=1}^{n}(PR_i - GT_i)^2}{n}} \tag{8.10}$$

式中，n 为模型做的预测总次数；PR_i 和 GT_i 分别为预测和真值中的植株数。

5. 运行环境

本章研究中的模型试验是在一台图形工作站上完成的，这台工作站包含一张 RTX 3090 显卡、一颗 Intel Core i9-10920X CPU 和 64 GB 的内存容量。深度学习的模型是在 Keras 框架上部署完成的（Keras Google Group，2006）。在模型训练中，采用的优化器是 Adam，学习率为 0.00001（Kingma and Ba，2015）。

8.3.2　数据处理流程

数据准备和后处理主要包括四个部分：数据分配、影像分割、影像标记和热力图合并。

首先，获取的无人机影像数据被分配为三个部分：训练数据集、验证数据集和测试数据集（表 8.2）。其中，训练数据集和验证数据集的影像中不含采样框，测试数据集的影像中包含采样框。训练数据集用于训练模型，验证数据集用于验证模型在不同配置条件下（包括不同的网络结构、sigma 值，还有热力图合并技巧）的表现，而测试数据集用于测试模型在实际大田采样数据上的表现。训练数据集和验证数据集分别包含 85 张和 15 张不含采样框的影像，来充分满足训练和

表 8.2　本研究中使用到的无人机数据一览表

数据类型	包含采样框	全影像数	影像块数	用途
训练数据集	否	85	2550	模型训练
验证数据集	否	15	945	模型验证
测试数据集	是	270	270	模型测试

验证模型两种功能。所以 270 张含有采样框的影像被划分到测试数据集中。为了避免数据污染，所有的影像只能在单个数据集中出现，不能重复利用。

然后，在输入到模型前，无人机影像必须经过分割处理来避免运行的数据超出显卡的显存。这主要是由于深度学习具有多层神经网络，这些网络在模型运行中会产生大量的临时数据。而采用显卡加速技术的深度学习模型会将这些数据全部储存在显存中。如果图像过大，则很容易就会超出显存容量。在深度学习应用中，一般的解决办法就是将这些大尺寸的影像分割成影像块。针对训练数据集，每一张影像都被裁成了 1200×1200 像素的图像块，相邻图像之间不设置重叠区。最终得到了 2550 张相同尺寸的图像块（部分长宽不够 1200 像素的影像块被弃用）。针对验证数据集，完整的无人机影像也被分割为 1200 × 1200 像素的图像块，但是相邻图像之间设置了 320 像素宽度的重叠区。其中，这个重叠区的宽度需要满足大于影像上小麦植株的尺寸（长宽 150～250 像素），这样能保证每一株处在分割线上的麦苗会在相邻的图像上完整显示。如此，每张验证数据集中的影像被分割成 7×9 个影像块（影像边缘可能会生成尺寸不同的影像块）（图 8.3）。最后，验证数据集总计生成了 945 张影像块。针对测试数据集，影像块只取图像上采样框内的部分。总计有 270 张包含采样框的影像块从完整影像上分割出来，其中每张影像块的长宽为 1200～1300 像素。

接着，一款名为"labelme"的图像标记软件被用来给影像上的每一株麦苗打上标记（图 8.3）（Russell et al.，2008）。标记影像上的每一株麦苗是一个比较有挑战性的任务，因为分蘖后的麦苗基本都簇拥在了一起，比较难以区分开来。为了更好地标记麦苗，这个操作主要遵循两条原则。第一，如果图像上能比较清晰地看到麦苗的主茎，那么标记点就放置在主茎上方；第二，如果图像上看不清麦苗的主茎，那就通过人工识别麦苗的叶片形态来判断植株。为了减少标记中的主观误差，这个任务由两个人员共同完成，其中一人负责标记，另一人负责检查。需要注意的是，训练数据集和验证数据集是在标记之后进行的图像分割操作，而测试数据集是在分割操作之后仅在图像块上进行标记操作。整个标记任务花费了两个标记人员约一个月的时间。

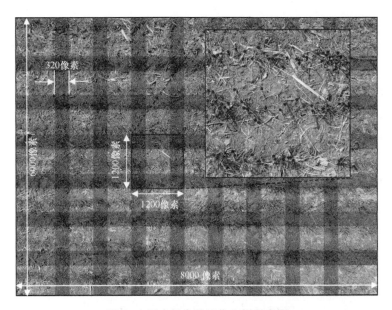

图 8.3　无人机完整影像分割示意图

分割过程中包含重叠区（紫色条带）。红色的方框内着重显示了一张影像块，并在影像块上给每株麦苗打上了点标记

　　最后，对于模型在验证数据集上生成的热力图需要进行合并操作来展示整张无人机影像上的麦苗密度情况。其中，两种合并技巧：平均值法和归一化反距离权重（normalized inverse distance weighted，NIDW）法被应用到热力图中的重叠区合并操作中。具体地，平均值法指的是将重叠区域上不同影像块的热点值取平均值；NIDW 法是按照式（8.11）求取重叠区域上的热点值。

$$\text{Heat}_{i+1} = \frac{\left(D_{\text{overlay}} - D_{\text{border}}\right) \cdot \text{Heat}_i + D_{\text{border}} \cdot \text{Heat}_{\text{patch}}}{D_{\text{overlay}}} \tag{8.11}$$

式中，Heat_{i+1} 和 Heat_i 分别表示第 $i+1$ 和第 i 张已经合成的影像上的热点值；$\text{Heat}_{\text{patch}}$ 表示需要叠加的影像块的热点值；D_{border} 和 D_{overlay} 分别表示到叠加的影像块上最近的边界的距离和重叠区的宽度（以像素为单位）。

8.4　结　果　分　析

8.4.1　模型验证

　　模型的验证主要是从三个方面进行：DeNet 与 UNet、SegNet 对比；sigma 值对模型影响的敏感性分析；利用不同技巧进行热力图拼接的效果。

配置了 DeNet、UNet 和 SegNet 三种网络结构的模型在训练数据集上分别进行了 350 个周期（epoch）的训练，模型在训练中的损失变化如图 8.4 所示。总体来看，三个模型都达到了模型收敛的效果，并且训练结果显示网络结构越复杂的模型训练出来的模型在收敛之后的表现越好（即损失越小）。但是，复杂的模型达到基本收敛所需的训练周期也越多，其中 SegNet、UNet 和 DeNet 三个模型分别在第 130、第 160 和第 220 个周期达到模型收敛。最后，SegNet、UNet 和 DeNet 三个模型每个训练周期所需要的时间分别是 8.8 min、9.1 min 和 9.5 min。

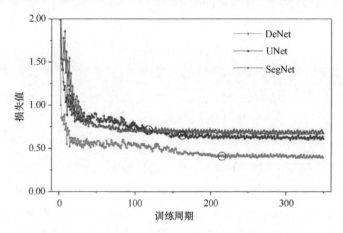

图 8.4　三个不同网络结构（DeNet、UNet 和 SegNet）在模型训练中的损失值变化
蓝色、红色和灰色的三个圆形分别指示 SegNet、UNet 和 DeNet 三个网络结构在模型达到基本收敛时的周期位置

模型在验证集数据上的结果显示，植株密度的估算准确性顺序是 SegNet < UNet < DeNet（表 8.3）。DeNet 的模型表现在三个模型中是最好的，说明全局注意力机制这个设计能有利于提升模型的性能。同时，UNet 比 SegNet 模型表现更好，这说明网络结构中的连接通道机制（concatenates pass mechanism）能促进模型的精度提升。从 SegNet 到 UNet 再到 DeNet 模型，预测的热力图中背景区域

表 8.3　模型在验证集上的预测结果

模型	时间/min	GT/株	PR/株	MAE/（株/影像块）	RMSE/（株/影像块）	R^2
SegNet	8.8	35435	30386	18.28	21.12	0.72
UNet	9.1	35435	32789	14.05	20.38	0.75
DeNet	9.5	35435	35961	12.63	17.25	0.79

注：时间为训练一个周期的时间；GT 为植株数目的真值；PR 为植株数目的预测值。

逐渐被清理干净，而热力区域（前景）逐渐变得聚合起来（图 8.5）。这个现象揭示了全局注意力机制在植株和背景分离中的有效性。

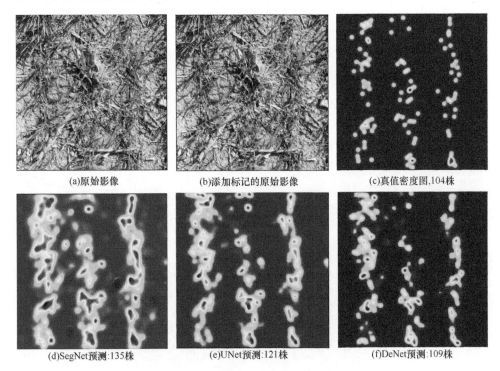

（a）原始影像　　　　　　（b）添加标记的原始影像　　　　　（c）真值密度图,104株

(d)SegNet预测:135株　　　　　(e)UNet预测:121株　　　　　(f)DeNet预测:109株

图 8.5　三个模型的预测结果示例

（a）验证数据集上的一张原始影像块示例。（b）原始影像块和已经标记好的标记点的示例。（c）由标记点真值生成的热力图。（d）由 SegNet 模型预测的热力图。（e）由 UNet 模型预测的热力图。（f）由 DeNet 模型预测的热力图。图中的数字代表图像块上的植株密度（真值或预测值）。

　　sigma 值是生成热力图真值的一个重要参数，并且会显著影响模型在植株密度估算中的性能。为了定量分析 sigma 值对模型性能的影响，本节开展了一组针对 sigma 值的模型试验。试验分为两轮：第一轮 sigma 取以 4 为因数的整数（包含 4、8、12、16、20 和 24），用来实现一个粗略的分析；第二轮在第一轮得出的最优值附近取整数，用来寻找全局最优的 sigma 值。实验中采用的网络结构均为 DeNet。

　　在第一轮关于 sigma 值的敏感性分析中，当 sigma 值为 16 时模型获得了最优的表现（MAE = 12.11，RMSE = 16.21 和 R^2 = 0.82）。当 sigma 值从 16 减小或增大时，模型表现都会衰减（表 8.4）。在第二轮敏感性分析中，所有分析的值均未发现有超越 sigma 为 16 时的模型表现。因此，两轮敏感性分析的结果显示，16 即为模型在估算植株密度中的最优 sigma 值。另外，模型预测的热力值图也有较

表8.4 sigma 值的敏感性分析结果展示表

试验	sigma 值	GT/株	PR/株	MAE/（株/影像块）	RMSE/（株/影像块）	R^2
第一轮	4	35435	27699	21.94	26.88	0.73
	8	35435	28429	20.26	25.30	0.76
	12	35435	33423	13.19	18.34	0.78
	16	35435	35387	12.11	16.21	0.82
	20	35435	35538	15.48	19.78	0.74
	24	35435	39621	17.67	22.74	0.72
第二轮	14	35435	35727	13.04	17.24	0.73
	15	35435	35961	12.63	17.25	0.79
	17	35435	35592	12.34	16.78	0.78
	18	35435	36259	23.37	27.67	0.73

大的不同（图 8.6）。总体来看，sigma 值越小时预测的热力图越聚集，而 sigma 值越大时预测的热力图越融合。

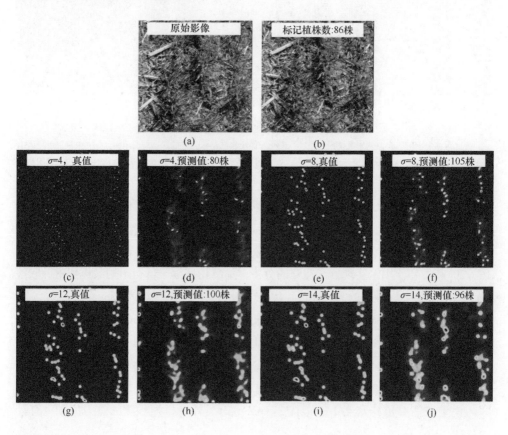

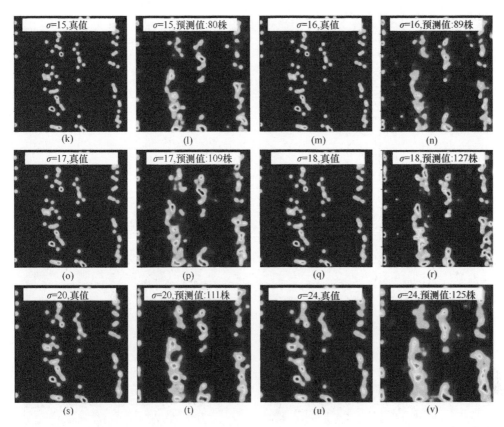

图 8.6　敏感性分析中，不同 sigma 值（4、8、12、14、15、16、17、18、20 和 24）生成的热力图对比示例

（a）验证集中的一张原始影像块示例；（b）加植株标记的影像块；(c)、(e)、(g)、(i)、(k)、(m)、(o)、(q)、(s)和(u)：不同 sigma 值情况下生成的热力图真值；(d)、(f)、(h)、(j)、(l)、(n)、(p)、(r)、(t)和(v)：不同 sigma 值情况下模型预测的热力图和植株数预测值

　　由于完整的无人机图像在输入深度学习之前被分割了，为了完整地显示每张无人机影像上的预测结果，基于分块影像获得的热力影像块会经过一个合并操作。在这一过程中，平均值法和 NIDW 法被用来求影像块在重叠区的热力值；DeNet 网络结构的 sigma 值设定为 16。

　　模型的合并结果显示，不管是平均值法还是 NIDW 法，合并后的模型效果会被略微提高（表 8.5）。这个现象可以解释为重叠区的设置可以一定程度上抑制由神经网络的卷积层在图像边界上的填补操作（padding operation）给图像分析带来的误差。具体来看，NIDW 法比平均值法能更好地抑制这个误差。另外，在利用平均值法合并的图上很容易找到一些裂缝，当分割线正好经过影像上的小麦植株

时 [图 8.7（c）]。但是在 NIDW 法合并的图像上，裂缝的问题被很好的解决了 [图 8.7（d）]。

表 8.5　利用不同影像块合并技巧时模型在验证机上的表现

合并方法	GT/株	PR/株	MAE/（株/影像块）	RMSE/（株/影像块）	R^2
平均值法	26582	26512	11.87	16.13	0.82
NIDW 法	26582	26562	11.34	15.94	0.83
不合并	35435	35387	12.11	16.21	0.82

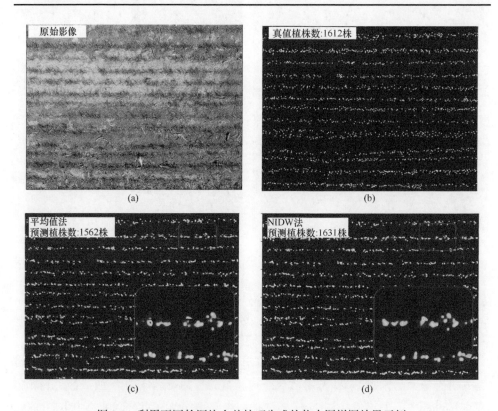

图 8.7　利用不同的图块合并技巧生成的热力图拼图结果示例

（a）验证数据中一张完整的无人机影像；（b）由标记点生成的热力值真值；（c）利用平均值法生成的热力值拼图；（d）利用 NIDW 法生成的热力值拼图

8.4.2　模型测试

本部分主要介绍模型在实地采样数据上测试的结果。具体来说，有两种真值用于模型测试：标记的真值和采样的真值。模型测试主要评估三个方面的内容：模型在实地数据上的表现和精度，植株密度级别对模型表现的影响和成像天顶角对模型表现的影响。在该部分植株密度模型上配置的网络结构是 DeNet，sigma 值取 16。

在模型执行测试数据集之后，本书对采样真值、标记真值和模型预测值进行对比来分析模型在预测实地麦苗密度的表现（图 8.8）。在采样真值和标记真值之间的对比显示这两个真值具有极高的一致性，其中 MAE、RMSE 和 R^2 分别达到了 7.9074、10.1151、0.9492。这个结果说明即使分蘖后期的麦苗之间具有很高的重合度，但是在图像上标记麦苗时还是能很好地人工识别出麦苗。总体来看，多数采样框（或影像块）中的麦苗密度还是在标记时低估了，尤其是当麦苗密度较高时低估更加严重 [图 8.8（a）]。从模型在验证数据集和测试数据集上的总体表现来看 [图 8.8（b）]，模型在两个数据集上的表现基本是相当的。另外，采样真值与模型预测值的对比显示 [图 8.8（c）]，模型能很好地预测实地中的麦苗密度，并且模型预测值在采样真值上表现出来的模型精度甚至比标记真值的模型精度还高，MAE 从 11.9370 下降到 9.9407，RMSE 从 14.8560 下降到 12.2138，R^2 从 0.8115 上升到 0.8150。这说明模型不仅能在图像上较好地预测标记真值，还能较好地预测实地的麦苗密度。

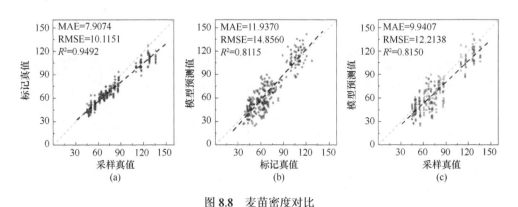

图 8.8　麦苗密度对比

（a）采样真值与标记真值对比；（b）标记真值与模型预测值对比；（c）采样真值与模型预测值对比

在实地实验中，采样的田块中有的地方麦苗较密集，有的地方麦苗较稀疏。为了定量研究麦苗密度对模型表现的影响，本书将测试数据集按照实地采样时采样框内的麦苗数量分成了低密度、中密度和高密度三个等级。其中，低密度指采样框里的植株数小于 70 株，中密度指采样框里的植株数大于 70 株小于 100 株，高密度指采样框里的植株数大于 100 株。

模型的运行结果表明，植株密度对模型的表现影响明显（表 8.6）。不管是对比采样真值还是标记真值，模型都会随着植株密度的上升导致模型预测结果衰退。值得注意的是，麦苗数量为中或高密度时，模型对标记真值的预测精度会高于采样真值。这个现象的最主要原因可能是多数图像在标记时被低估，而且密度越大被低估越明显。另外，模型在不同麦苗密度情况下预测的热力图也会有很大不同（图 8.9）。麦苗密度越高，热力图会增加噪声，而稀疏的区域则会预测出来较少的噪声。总之，麦苗密度的增加会使模型的性能衰减。

表 8.6　模型在不同密度等级时的表现

评价体系	密度情况	GT/株	PR/株	MAE/（株/影像块）	RMSE/（株/影像块）	R^2
采样真值	低	7002	6474	9.35	11.51	0.29
	中	6300	5190	12.68	14.93	0.25
	高	7749	7088	15.38	18.87	0.22
标记真值	低	6590	6474	9.40	11.50	0.33
	中	5758	5190	10.76	12.91	0.30
	高	6788	7088	11.85	18.87	0.17

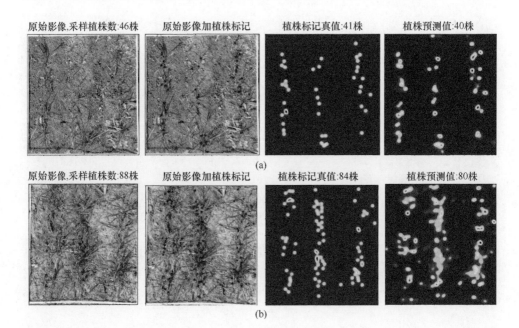

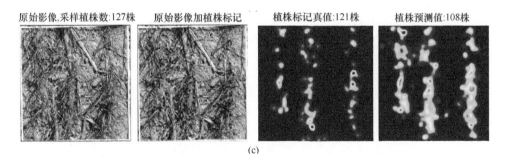

图 8.9　测试数据集上不同密度情况的麦苗的植株密度识别情况

（a）低密度；（b）中密度；（c）高密度

　　由于无人机观测时，飞机的观测高度非常低，图像上不同像素点对应的观测天顶角也会有较大的区别。在获取每一个采样框的无人机影像时，采样框会被放置在 9 个不同的位置来获取 9 张不同的影像，根据采样框的位置，每个采样框的影像会被分为四类：Z1、Z2、Z3 和 Z4，并且这四类影像的天顶角大小顺序为 Z1 > Z2 > Z3 > Z4。

　　模型的测试结果显示，不同的天顶角会导致显著不同的模型表现（表 8.7）。具体来看，不管是采样真值还是标记真值，它们随着天顶角（从 90°开始）的减小，模型的性能会显著衰减。当采样框位于影像正中心的 Z1 位置（即整体的天顶角接近 90°）时，模型相对于采样真值的预测结果收获了一个非常突出的表现（MAE = 6.63，RMSE = 8.61，R^2 = 0.91）。然而，当采样框位于影像的角落的 Z4 位置时，模型预测的结果精度大幅下滑（MAE = 19.13，RMSE = 22.39 和 R^2 = 0.74）。总之，随着影像拍摄时的天顶角减小，模型的表现会不断下降。

表 8.7　不同天顶角多模型表现的影像

评价体系	采样框位置	GT	PR	MAE	RMSE	R^2
采样真值	Z1	2163	2052	6.63	8.61	0.91
	Z2	4646	4356	12.50	13.15	0.86
	Z3	4809	4558	14.80	17.89	0.84
	Z4	9433	7786	19.13	22.39	0.74
标记真值	Z1	2047	2052	7.17	8.82	0.88
	Z2	4230	4356	10.10	11.88	0.86
	Z3	4327	4558	14.13	18.36	0.83
	Z4	8532	7786	18.23	21.05	0.78

8.5 小 结

不同于以前的估算麦苗密度的研究主要集中在分蘖前麦苗很稀疏时，本章研究就开发了一个 DeNet 模型来估算分蘖后麦苗很密集时期的密度。为了验证该模型的鲁棒性，利用两个经典的深度学习算法（SegNet 和 UNet）进行了对比。然后，针对生成热力图的关键参数 sigma 做了一组敏感性分析。同时，比较了平均值法和 NDIW 法两种热力图合并方法的结果，来找出一个更优的合并方法。模型的测试表明，DeNet 模型的预测结果能很好地符合实地采样的结果。另外，模型测试的结果还表明，随着麦苗密度的增加或者观测天顶角的减小，模型的预测精度会衰减。综合来看，DeNet 是一个在分蘖后估算麦苗密度的可行方法。

参 考 文 献

Badrinarayanan V, Kendall A, Cipolla R. 2017. SegNet: A deep convolutional encoder-decoder architecture for image segmentation. IEEE Transactions on Pattern Analysis and Machine Intelligence, 39: 2481-2495.

Bai Y, Nie C, Wang H, et al. 2022. A fast and robust method for plant count in sunflower and maize at different seedling stages using high-resolution UAV RGB imagery. Precision Agriculture, 23: 1720-1742.

Banerjee B P, Sharma V, Spangenberg G, et al. 2021. Machine learning regression analysis for estimation of crop emergence using multispectral uav imagery. Remote Sensing, 13.

Bendali-Braham M, Weber J, Forestier G, et al. 2021. Recent trends in crowd analysis: A review. Machine Learning with Applications, 4: 100023.

Duan K, Bai S, Xie L, et al. 2019. CenterNet: Keypoint triplets for object detection. Proceedings of the IEEE International Conference on Computer Vision, 2019-Octob, 6568-6577.

Hossain M A, Hosseinzadeh M, Chanda O, et al. 2019. Crowd counting using scale-aware attention networks. Proceedings-2019 IEEE Winter Conference on Applications of Computer Vision, WACV 2019, 1280-1288.

Jiang Y, Li C, Paterson A H, et al. 2019. DeepSeedling: Deep convolutional network and Kalman filter for plant seedling detection and counting in the field. Plant Methods, 15: 1-19.

Jin X, Liu S, Baret F, et al. 2017. Estimates of plant density of wheat crops at emergence from very low altitude UAV imagery. Remote Sensing of Environment, 198: 105-114.

Jin X, Zarco-Tejada P J, Schmidhalter U, et al. 2021. High-throughput estimation of crop traits: A review of ground and aerial phenotyping platforms. IEEE Geoscience and Remote Sensing Magazine, 9: 200-231.

Keras Google Group. 2006. Keras [Document]. URL https://keras.io/[2022-08-09].

Kingma D P, Ba J L. 2015. Adam: A method for stochastic optimization. 3rd International Conference on Learning Representations, ICLR 2015-Conference Track Proceedings, 1-15.

Kitano B T, Mendes C C T, Geus A R, et al. 2019. Corn plant counting using deep learning and UAV images. IEEE Geoscience and Remote Sensing Letters, 99: 1-5.

Lecun Y, Bengio Y, Hinton G. 2015. Deep learning. Nature, 521: 436-444.

Liu S, Baret F, Allard D, et al. 2017a. A method to estimate plant density and plant spacing heterogeneity: Application to wheat crops. Plant Methods, 13: 1-11.

Liu S, Baret F, Andrieu B, et al. 2017b. Estimation of wheat plant density at early stages using high resolution imagery. Frontiers in Plant Science, 8: 1-10.

Liu T, Wu W, Chen W, et al. 2016. Automated image-processing for counting seedlings in a wheat field. Precision Agriculture, 17: 392-406.

Lu H, Liu L, Li Y N, et al. 2022. TasselNetV3: Explainable plant counting with guided upsampling and background suppression. IEEE Transactions on Geoscience and Remote Sensing, 60: 1-15.

Mhango J K, Harris E W, Green R, et al. 2021a. Mapping potato plant density variation using aerial imagery and deep learning techniques for precision agriculture. Remote Sensing, 13(14): 2705.

Mhango J K, Harris W E, Monaghan J M. 2021b. Relationships between the spatio-temporal variation in reflectance data from the sentinel-2 satellite and potato (Solanum tuberosum l.)yield and stem density. Remote Sensing, 13(14): 2705.

Munea T L, Jembre Y Z, Weldegebriel H T, et al. 2020. The progress of human pose estimation: A survey and taxonomy of models applied in 2D human pose estimation. IEEE Access, 8: 133330-133348.

Neubeck A, van Gool L. 2006. Efficient non-maximum suppression. Proceedings-International Conference on Pattern Recognition, 3: 850-855.

Oh S, Chang A, Ashapure A, et al. 2020. Plant counting of cotton from UAS imagery using deep learning-based object detection framework. Remote Sensing, 12.

Osco L P, dos Santos de Arruda M, Gonçalves D N, et al. 2021. A CNN approach to simultaneously count plants and detect plantation-rows from UAV imagery. ISPRS Journal of Photogrammetry and　Remote Sensing, 174: 1-17.

Persello C, Wegner J D, Hansch R, et al. 2022. Deep learning and earth observation to support the sustainable development goals: Current approaches, open challenges, and future opportunities. IEEE Geoscience and Remote Sensing Magazine, 10: 172-200.

Peterson C M, Klepper B, Rickman R W. 1982. Tiller Development at the Coleoptilar Node in Winter Wheat 1. Agronomy Journal, 74: 781-784.

Ren T, Liu B, Lu J, et al. 2017. Optimal plant density and N fertilization to achieve higher seed yield and lower N surplus for winter oilseed rape (Brassica napus L.). Field Crops Research, 204: 199-207.

Ronneberger O, Fischer P, Brox T. 2015. U-Net: Convolutional networks for biomedical image segmentation//Navab N, Hornegger J, Wells W M, et al. Lecture Notes in Computer Science (Including Subseries Lecture Notes in Artificial Intelligence and Lecture Notes in Bioinformatics), Lecture Notes in Computer Science. Cham: Springer International Publishing: 234-241.

Russell B C, Torralba A, Murphy K P, et al. 2008. LabelMe: A database and web-based tool for image annotation. International Journal of Computer Vision, 77: 157-173.

Sam D B, Surya S, Babu R V. 2017. Switching Convolutional Neural Network for Crowd Counting. Honolulu, HT: Proc. - 30th IEEE Conf. Comput. Vis. Pattern Recognition, CVPR 2017 2017-Janua.

Shrestha D S, Steward B L. 2003. Automatic corn plant population measurement using machine vision. Transactions of the American Society of Agricultural Engineers, 46: 559-565.

Sindagi V A, Patel V M. 2017. Generating High-Quality Crowd Density Maps Using Contextual Pyramid CNNs. Venice: Proc. IEEE Int. Conf. Comput. 2017-Octob.

Valente J, Sari B, Kooistra L, et al. 2020. Automated crop plant counting from very high-resolution aerial imagery. Precision Agriculture, 21: 1366-1384.

Wu F, Wang J, Zhou Y, et al. 2022. Estimation of winter wheat tiller number based on optimization of gradient vegetation characteristics. Remote Sensing, 14: 1338.

Zhang D, Luo Z, Liu S, et al. 2016. Effects of deficit irrigation and plant density on the growth, yield and fiber quality of irrigated cotton. Field Crops Research, 197: 1-9.

Zhang J, Yang C, Song H, et al. 2016. Evaluation of an airborne remote sensing platform consisting of two consumer-grade cameras for crop identification. Remote Sensing, 8: 1-23.

Zhang L, Zhang L F, et al. 2016. Deep learning for remote sensing data: A technical tutorial on the state of the art. IEEE Geoscience and Remote Sensing Magazine, 4: 22-40.

Zhao B, Zhang J, Yang C, et al. 2018. Rapeseed seedling stand counting and seeding performance evaluation at two early growth stages based on unmanned aerial vehicle imagery. Frontiers in Plant Science, 9: 1-17.

第 9 章

森林冠层覆盖度制图

9.1 案 例 背 景

森林冠层覆盖度是指林地表面被冠层（包括主干、枝干和叶）垂直投影所覆盖的比例。冠层覆盖度作为森林生态系统结构和功能的重要指标，对于评估森林演替进程、健康状态及其碳储量等方面都具有重要意义（Falkowski et al.，2017；Gonzalez-Roglich and Swenson，2016；Sexton et al.，2013；Wu et al.，2019；Cai et al.，2021）。遥感影像广泛用于不同空间尺度下的森林冠层覆盖度评估，尤其是利用中低分辨率卫星影像，如 30 m 的 Landsat 和 250 m 的 MODIS 影像，已经发布的全球森林冠层覆盖度制图产品，包括 Hansen 等（2013）的全球土地分析和发现数据集，Sexton 等（2013）的全球土地覆被数据集，Dimiceli 等（2017）的植被连续性数据集。然而，对于星载中低分辨率影像而言，混合像元问题会导致冠层覆盖度制图产品存在较大误差，如 Montesano 等（2009）的研究表明，即使利用米级的 QuickBird 影像，混合像元也会导致 14.8%的误差。

激光雷达能够获取到精细的林区三维场景，以用于准确评估冠层覆盖度。以机载激光雷达获取的点云数据为例，通过点云分类，来区分地面点云和冠层点云，并生成林区高分辨率的数字地面模型（DTM）和数字表面模型（DSM）；在此基础上，通过 DSM 和 DTM 间的差值，即 DSM – DTM，生成反映树高空间分布的冠层高度模型（CHM）。基于冠层高度模型，采用高度阈值的方式，如选用 2 m 作为阈值，低于该阈值的为林下背景，高出该阈值的为森林冠层，从而确定冠层的空间分布及其占比，即冠层覆盖度。例如，Cai 等（2021）利用无人机激光数据进行了温带人工林中冠层覆盖度的评估，结果表明，评估的 RMSE 仅为 1.5%；

Wallace 等（2016）利用无人机激光数据对干旱地区的天然林进行了冠层覆盖度评估，结果表明，评估值和地面实测值间的偏差仅为 4%。尽管如此，激光雷达在森林冠层覆盖度中的应用受数据获取成本的限制。

无人机系统获取的厘米级分辨率立体观测影像同样能够准确地捕获到森林冠层信息。基于高重叠度的立体观测影像，通过影像三维结构重建算法，如运动恢复结构（SfM），能够生成林区数字正射影像（DOM）和数字表面模型。现有的研究利用数字正射影像的光谱信息或数字表面模型的结构信息实现林区冠层检测。针对密集林区，数字正射影像上林冠亮度会显著高于受遮挡的林下背景，即影像上林冠的像素值会显著高于林下背景的像素值，此时，寻找到合适的阈值即能实现林冠和林下背景的分离。Macfarlane 和 Ogden（2012）针对温带密集林区获取的影像，测试了包括类间方差法、拐点探测法以及极小距离平均法在内的检测算法，结果显示，这些算法均能够准确检测出林冠，且评估的冠层覆盖度的 RMSE 小于 5%。针对稀疏林区，如干旱林区或幼林区中，通过林窗内的地面高程插值得到林区地形，配合已有的数字表面模型，可生成林区冠层高度模型。类似于激光雷达数据检测树冠的方式，通过高度阈值即可确定林冠的空间分布及比例估算，如 Cunliffe 等（2016）在干旱林区利用立体影像生成冠层高度模型，并利用高度阈值确定冠层像素；Li 等（2020）利用相似的方法评估了温带人工林中的冠层覆盖度。尽管如此，当前的自动提取方法仅适用于空间异质性程度低的特定林区，如浓密林区或稀疏林区，而针对更具有代表性的天然林区缺乏解决方法，严重限制了超高分辨率立体观测影像在森林冠层覆盖度调查上的应用。

天然林区内，冠层的水平分布具有空间异质性，浓密林区和稀疏林区相互交错，往往难以准确区分。此时，若是利用稀疏林区内有限林窗的地面高程信息插值生成林区地面高程数据，则会造成对冠层覆盖度的高估；若是利用稀疏林区内的有限林窗插值生成地面，在密集林区可能会出现将林冠误识别为地面的情况，从而在利用高度阈值的过程中造成对冠层覆盖度的低估。此外，立体观测影像生成的数字表面模型会高估林窗内的高程，如 Rosca 等（2018）在热带林区的实验表明，在面积较小的林窗内，相比于激光雷达生成的数字表面模型，立体影像生成的数字表面模型会高出 0.2～13.8 m。此时，若利用较低的高度阈值，如 2 m，会将林窗误判为林冠，造成对冠层覆盖度的高估。为了尽可能排除林下背景，实际应用中往往会依据林区情况采用不同的高度阈值，如 Panagiotidis 等（2016）分别采用 17 m 和 20 m 作为阈值移除两块挪威云杉林中的林下背景；Nasiri 等（2021）

采用 14 m 的高度阈值移除温带落叶混交林内的林下背景。尽管如此，较高的阈值在排除林下背景的同时也移除了较低的树冠部分，导致冠层覆盖度估算中存在较大的不确定性。

总而言之，无人机获取的超高分辨率立体观测影像为森林冠层覆盖度调查提供了可靠的数据源，但现有冠层自动化检测算法受森林结构限制，在冠层空间异质性低的林区内，如小片的浓密林区或稀疏林区，现有算法可准确识别到林冠；而针对冠层空间异质性显著的天然林区，目前还缺乏准确的冠层检测算法。本章研究以大兴安岭天然林区内获取的立体观测数据为例，研发了针对天然林区的高精度冠层检测算法，并成功应用至 77 个无人机公里级采样区，生产并发布了一套大兴安岭林区冠层覆盖度采样数据集产品。

9.2　研究区与试验方案

9.2.1　研究区概况

大兴安岭林区（119°36′E～125°20′E，46°8′N～53°20′N）位于我国内蒙古自治区东北部和黑龙江省西北部（图 9.1），是我国天然林主要分布区域之一。其南北长约 800 km，东西长约 350 km。林区地形主要由山地和丘陵组成，整体

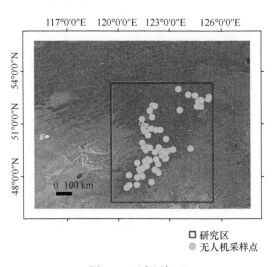

图 9.1　研究区概况

呈东北—西南走向，海拔介于 330～1750 m。大兴安岭林区属于寒温带半湿润地区，月均气温介于 1 月–23℃ 至 7 月 20℃，年均降水约为 450 mm，受夏季季风影响，降水主要集中在 6～8 月，约占全年降水的 68%。林区土壤主要由山地黑土、棕色针叶林土及灰色森林土等类型构成。大兴安岭林区优势树种为兴安落叶松（*Larix gmelinii*），常见树种包括白桦（*Betula platyphylla*）、樟子松（*Pinus sylvestris var. mongolica*）、蒙古栎（*Quercus mongolica*）和颤杨（*Populus tremuloides*）等（李冰，2009；Liu et al.，2020）。

9.2.2　无人机立体观测数据获取

本章研究利用大疆 S900 六旋翼无人机和 Sony NEX-5T 数码相机构成观测系统，进行超高分辨率立体观测影像的获取。获取时间为 2018 年 6 月 27 日～7 月 18 日。在此期间，森林处于有叶状态，获取的数据包括 77 个公里级采样区，空间分布如图 9.1 中绿色点所示，45 个采样区在晴朗天气下获取，32 个采样区在多云天气下获取。

数据获取的关键参数包括飞行高度和影像重叠度。其中，飞行高度设置为相对起飞点的 350 m；航向重叠度设置为 90%，旁向重叠度设置为 60%。影像获取时的空间位置和姿态由无人机的 GPS 系统和惯性测量单元（IMU）惯导系统进行测量。Sony NEX-5T 数码相机具有 4912×3264 像素的分辨率，焦距和曝光时间分别为 16 mm 和 1/60 s，垂轨和沿轨的视场角分别为 72.58°和 51.98°。获取的原始相片包含红、绿、蓝三波段，地面分辨率约为 8 cm。

获取的立体观测影像利用 Agisoft PhotoScan（Agisoft LLC，St. Petersburg，Russia）软件进行预处理。在这一过程中，将获取的高重叠度影像输入软件中，经过稀疏点云和密集点云匹配处理，最终生成本章研究需要的数字正射影像和数字表面模型。无人机立体观测数据的详细处理方法可参考 Ni 等（2018）。

9.3　监测流程与算法

9.3.1　冠层覆盖度提取新方法

本章研究协同立体观测影像的光谱信息和结构信息，提出了针对天然林区冠层覆盖度准确提取的新方法。该方法的核心思路是将林下背景分为阴影背景和光照背景。阴影背景通常表现为受遮挡的树冠间小面积林窗，而光照背景通常表现为不受遮挡的大面积林窗。阴影背景可通过影像的光谱信息进行检测；而光照背景则通过影像的结构信息进行检测。在此基础上，为准确检测森林冠层分布，需要进行树冠分割，并在分割后的树冠层次上，协同利用两类林下背景进行林冠提取。最终，将林冠面积和采样区面积间的比值确定为冠层覆盖度。冠层覆盖度提取技术流程如图 9.2 所示，本章研究将该方法命名为基于对象分割的背景分析方法（background analysis method based on object segmentation，BAMOS）。下面详细解释两类林下背景的检测与林冠覆盖度的提取。

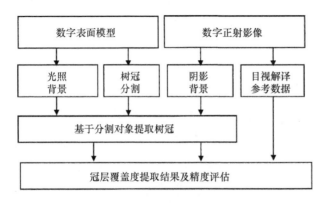

图 9.2　冠层覆盖度提取技术流程图

1. 两类背景的检测

1）阴影背景

如前文所述，密集林区内林冠的视觉亮度会显著高于受到遮挡的阴影背景，即使是阴影林冠通常也会高于周边背景的亮度。通过将三波段的真彩色数字正射影像转变为单一波段的灰度影像后，林冠和阴影背景间亮度的差异可由像素值进行量化。基于这样的光谱差异，本章中采用最大类间方差法（OTSU）来识别阴影背景。OTSU 算法将二维的平面影像转为一维的像素值分布直方图，进而基于类内方差最小、类间方差最大的思想自动寻找一个最佳的阈值，从而实现林冠和背景的分离（Otsu，1979；Dalponte et al.，2014）。其中，低于最佳阈值的部分即阴影背景。

可以预见，在密集林区通过 OTSU 算法能够很好地分离树冠和背景。然而，针对稀疏林区内的大面积光照背景，如由草灌构成的林下绿色背景，由于这些光照背景不受遮挡，在灰度影像上其像素值会接近甚至超过林冠部分，因此这类光照背景将难以通过 OTSU 算法进行检测。

2）光照背景

光照背景的检测是基于数字表面模型的结构信息实现的。在数字表面模型上，林冠表面结构受树冠形状控制，表现为高频空间变化；而光照背景内结构受地形控制，表现为低频空间变化，因此通过对数字表面模型进行变化检测，可得到包含所有光照背景在内的潜在识别区。值得注意的是，部分林冠结构变化小，也会被当作光照背景保留在识别区中。因此，需要从潜在识别区中甄别出光照背景，为此，本章研究发展了针对性的缓冲区分析法。针对每个潜在识别区，以其边界向内向外各 1 m 分别设立两个缓冲区，分别记作内缓冲区和外缓冲区。考虑到光照背景边缘是林冠，因此在数字表面模型上，光照背景的外缓冲区的高程必然显著高出内缓冲区高程。对于误识别为林冠的区域，是不存在外缓冲区显著高出内缓冲区的特性。基于这样的缓冲区分析方式，从潜在识别区中能够甄别出真实光照背景。

2. 树冠的提取

在光照背景识别过程中，由于并未考虑缓冲区内靠近林冠一侧的背景，因此会造成光照背景识别的边界不够准确，所以移除前面识别出的两类背景，并不能保证得到准确的树冠。针对这一问题，本章研究设计了在树冠分割层次上，协同两类背景提取林冠的方法。在这一过程中，首先基于数字表面模型，利用分水岭算法进行树冠分割。当林区数字表面模型倒置时，树冠会形成低洼集水区，而林下背景会形成地势较高的疏水区，从而通过分水岭算法可以实现树冠的分割。此时，分割出的树冠对象内包含背景像素，依据分割对象内是否存在光照背景像素，将其分为稀疏对象和密集对象。光照背景由于不受遮挡，其数字表面模型上的高程值可用作真实地面高程值。因此，对于稀疏对象而言，光照背景实际上提供了地面高程，利用 2 m 的高度阈值可同时剔除稀疏对象内的光照背景和外缓冲区内背景。在此基础上，将稀疏对象和密集对象内的阴影背景移除，至此所有分割对象内只保留林冠信息。最终，森林冠层覆盖度可以依据式（9.1）计算：

$$TC = \frac{1}{n}\sum_{i=0}^{n} P_i, P_i = \begin{cases} 1, & \text{树冠像素} \\ 0, & \text{背景像素} \end{cases} \tag{9.1}$$

式中，TC 为采样区内冠层覆盖度；n 为采样区内的总像素数量；P_i 为像素分类状态（树冠或背景像素）。

9.3.2　森林冠层覆盖度产品及其精度评估

利用 BAMOS 方法，对 77 个无人机采样区内的影像进行处理，生成相应的林冠检测结果，在此基础上，选择 30 m 作为空间单元进行冠层覆盖度的统计，最终生产出一套包含 77 个公里级样地、分辨率为 30 m 的大兴安岭林区冠层覆盖度采样数据集产品。为对数据集产品进行精度评价，本章研究基于数字正射影像人工解译了 231 个 30 m×30 m 参考样方内的冠层覆盖度。在这一过程中，参考样方随机地从 77 个采样区内选择。样方选定之后，利用 ArcGIS 软件裁剪出样方范围内的数字正射影像，然后利用多边形矢量工具勾绘出其中的树冠部分；最后将所有勾绘的树冠进行面积汇总，将树冠面积与样方面积的比值作为样方冠层覆盖度的参考值。以 231 个参考样方数据为依据，利用相关系数（r）和 RMSE，对大兴安岭林区冠层覆盖度采样数据集产品进行定量化评估。

9.4　结　果　分　析

9.4.1　光照和阴影背景提取结果

图 9.3（a）～图 9.3（c）展示了一个 50 m×50 m 样方内阴影背景的识别结果。图 9.3（a）是由数字正射影像通过波段运算得到的单波段灰度影像，可以看出，树冠部分的视觉亮度明显要高于林冠间受到遮挡的阴影背景。利用 OTSU 算法识别的阴影背景如图 9.3（b）所示。图 9.3（c）展示了阴影背景在数字正射影像上的分布，可以看出识别的阴影背景与其实际分布是相符的。

图 9.3（d）～图 9.3（i）展示了光照背景的识别结果。本章研究利用 Sobel 算子对数字表面模型进行变化检测，结果如图 9.3（e）所示，像素值代表的是林区冠层表面高程变化情况。可以看到，光照背景内高程变化小，而林冠区内高程变化较大。利用 1.35 m 的固定阈值提取出所有的潜在识别区，结果如图 9.3（f）所示。

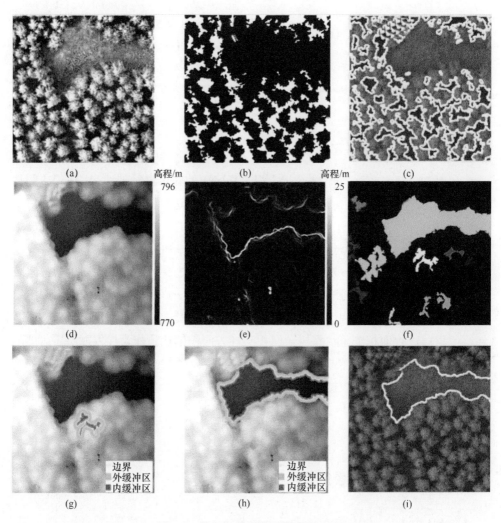

图 9.3　样方内光照/阴影背景的识别

（a）单波段的数字正射影像；（b）阴影背景识别结果；（c）阴影背景分布；（d）数字表面模型影像；（e）边缘检测结果；（f）潜在识别区域；（g）林冠区的缓冲区分析；（h）光照背景的缓冲区分析；（i）光照背景分布

可以看到，潜在识别区中除了真实的光照背景，还含有由林冠区构成的错识别情况。为了从中识别出真实的光照背景，本章研究采用 2 m 的高度阈值进行缓冲区分析，即对于每个潜在识别区而言，只有在外缓冲区平均高程高出内缓冲区平均高程 2 m 的情况下才会被认定为真实光照背景，否则视为林冠区造成的错识别并予以剔除。图 9.3（g）展示了一个林冠区造成的错识别情形，其中内外缓冲区分别用红色和绿色进行标识，内缓冲区的平均高程为 790.03 m，而外缓冲区平均高程为 790.05 m，显然外缓冲区没有满足高出内缓冲 2 m 的要求，因此对该识别区进行剔除。相反，图 9.3（h）展示了一个真实光照背景的缓冲区分析，该区域内外缓冲区的平均高程分别为 776.18 m 和 778.76 m，满足外缓冲区高出内缓冲区 2 m 的要求，因此进行保留。最终样方内光照背景的检测如图 9.3（i）所示，可以看到，该结果和数字正射影像上光照背景的分布是一致的。

9.4.2　树冠提取结果

图 9.4 ～图 9.6 分别展示了拥有不同冠层覆盖度的典型样方内林冠的提取结果。图 9.4 所示的样方内林冠最为稀疏，且分布着大面积的光照背景。其中，图 9.4（a）是利用分水岭算法对数字表面模型分割的结果，可以看到，大多分割对象都同时包含树冠像素和背景像素。图 9.4（b）是利用缓冲区分析方法识别的光

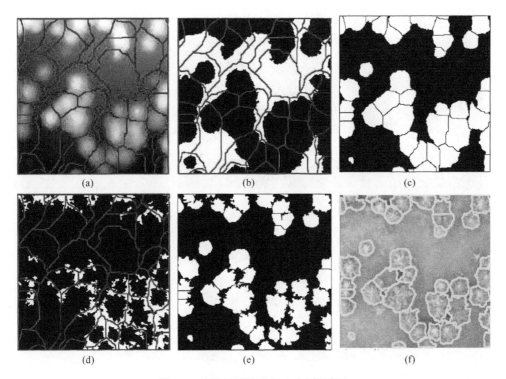

图 9.4　低冠层覆盖度样方内树冠提取

（a）树冠分割结果；（b）光照背景分布和分割树冠的叠加；（c）移除光照背景后的潜在树冠；（d）阴影背景分布和分割树冠的叠加；（e）树冠识别结果；（f）识别的树冠和数字正射影像的叠加显示

照背景，依据分割对象内是否存在光照背景像素，将对象分为稀疏对象和密集对象。针对稀疏对象，利用对象内光照背景提供的地面高程，将对象内不高出地面2 m 的背景进行排除，保留的林冠结果如图 9.4（c）所示。此时，可以看出，树冠间的阴影背景还没有剔除。图 9.4（d）展示了样地内阴影背景的分布，将其从保留的林冠结果内剔除，得到最终的树冠识别结果，如图 9.4（e）所示。通过将识别的树冠叠加在数字正射影像上［图 9.4（f）］，可以看出 BAMOS 方法提取结果和数字正射影像林冠分布是一致的。

图 9.5 和图 9.6 分别是中等冠层覆盖度和高冠层覆盖度的典型样方内，利用 BAMOS 方法提取林冠的结果。相比于低冠层覆盖度的样地，中等冠层覆盖度样方内光照背景分布面积更小［图 9.5（b）］，阴影背景分布更为广泛［图 9.5（d）］；高冠层覆盖度样方内已经没有光照背景的分布［图 9.6（b）］，仅存在林冠间的阴影背景［图 9.6（d）］。从林冠提取结果［图 9.5（f）和图 9.6（f）］上看，BAMOS 方法识别出的林冠和数字正射影像上的林冠分布几乎是一致的。

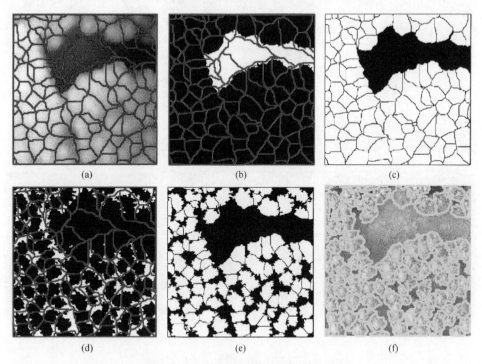

图 9.5　中等冠层覆盖度样方内树冠提取

（a）树冠分割；（b）光照背景分布和分割树冠的叠加；（c）移除光照背景后的潜在树冠；（d）阴影背景分布和分割树冠的叠加；（e）树冠识别结果；（f）识别的树冠和数字正射影像的叠加显示

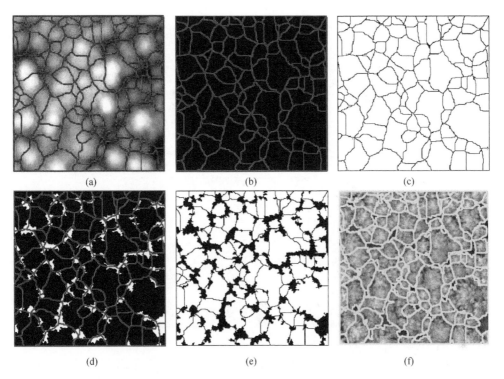

图 9.6　高冠层覆盖度样方内树冠提取

（a）树冠分割结果；（b）光照背景分布和分割树冠的叠加；（c）移除光照背景后的潜在树冠；（d）阴影背景分布
和分割树冠的叠加；（e）树冠识别结果；（f）识别的树冠和 DOM 的叠加显示

在上述三个典型样地内，BAMOS 方法都能够准确提取出林冠的空间分布，表明 BAMOS 方法对森林冠层水平结构的变化不敏感，因此适用于空间异质性高的天然林区内林冠的提取。

图 9.7 展示了在不同天气状况下获取的典型采样区内，利用 BAMOS 方法识别的林冠结果。图 9.7（a）所示的采样区是在晴朗天气下获取的，从数字正射影像上可以看出，影像获取时存在不均匀的云阴影，导致在云阴影边界处的地表亮暗对比强烈，从局部放大的窗口可以看到，云阴影内林冠的亮度显著低于阴影外林冠的亮度；图 9.7（b）展示的采样区是在太阳高度角较低时获取的，从数字正射影像上可以看到，此时部分树冠受到遮挡，尤其是在局部放大窗口显示的复杂地形区域，大部分树冠都处于阴影中。图 9.7（c）和图 9.7（d）分别展示了在两个采样区内，利用 BAMOS 方法检测的林冠提取结果。可以看到，在两个采样区内，识别出的树冠和数字正射影像上树冠分布几乎是一致的，即使是在情况最为

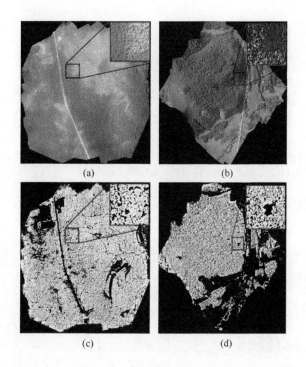

图 9.7　不同天气状况下获取的典型采样区内林冠检测结果
（a）不均匀云阴影下获取的采样区；（b）太阳高度角较低时的采样区；（c）、（d）是（a）、（b）对应的林冠提取结果

复杂的局部放大窗口内，识别的树冠结果也接近真实情况，表明本章研究提出的 BAMOS 方法受影像获取时环境变化的影响小。

9.4.3　冠层覆盖度产品及其精度评价结果

利用 BAMOS 方法对 77 个采样区进行林冠检测处理，并利用式（9.1）统计 30 m 空间单元内的冠层覆盖度，从而生成一套大兴安岭林区 30 m 分辨率的冠层覆盖度采样数据集产品。目前，该套产品已经在数据分享平台 Zenodo 公开发布，获取地址为：https://zenodo.org/record/5702373#.Y32n0HZBxEZ。图 9.8（a）是一个采样区的示例。

图 9.8（b）是数据集产品的精度验证结果，可以看出，在 231 个参考样方内，BAMOS 方法提取的冠层覆盖度值和人工解译的参考值基本沿着 1 : 1 的对角线分布，定性地表明了两者间偏差较小。定量结果表明，所有样方内的 BAMOS 统计

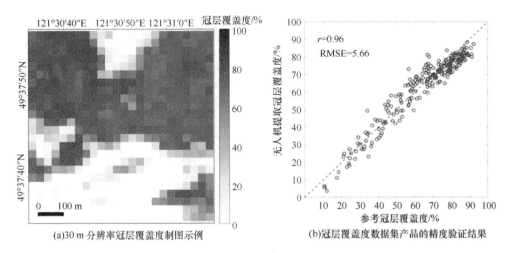

(a)30 m 分辨率冠层覆盖度制图示例　　　　(b)冠层覆盖度数据集产品的精度验证结果

图 9.8　冠层覆盖度产品示例及其精度验证结果

值和参考值之间的相关性（r）为 0.96，且 RMSE 为 5.66%，说明本研究制作的数据集具有较高的精度。

9.5　小　　结

　　BAMOS 方法是协同利用森林冠层的光谱特征（灰度正射影像上树冠像素值要显著高于阴影背景像素值）和结构特征（光照背景内高程变化表现为低频的空间变化，且光照背景的内缓冲区高程会显著低于外缓冲区高程）而建立的，具有明确的物理意义，因此理论上该方法具有较好的可移植性。相比现有的提取冠层覆盖度的方法，BAMOS 方法对森林冠层结构变化不敏感，通过在冠层结构不同的林区内测试，证实了 BAMOS 方法适用于高空间异质性的天然林中冠层覆盖度的提取。同时，BAMOS 方法被证实对影像获取环境不敏感，即使是在太阳高度角较低或存在云伪影的不利环境下获取的影像，BAMOS 方法依然能够准确地识别出林冠分布。利用 BAMOS 方法生成并发布了一套包含 77 个公里级采样区的大兴安岭林区冠层覆盖度采样数据集产品，定量结果表明，数据集的 RMSE 为5.66%。因此，本章研究为基于无人机立体观测遥感的森林冠层覆盖度调查提供了有力支撑，今后将进一步在其他林区（如包含多层垂直结构的热带林区）对本章研究提出的方法进行验证与优化。

参 考 文 献

李冰. 2009. 大兴安岭兴安落叶松林健康评价研究. 北京: 北京林业大学.

Cai S S, Zhang W M, Jin S N, et al. 2021. Improving the estimation of canopy cover from UAV-LiDAR data using a pit-free CHM-based method. International Journal of Digital Earth, 14: 1477-1492.

Cunliffe A M, Brazier R E, Anderson K. 2016. Ultra-fine grain landscape-scale quantification of dryland vegetation structure with drone-acquired structure-from-motion photogrammetry. Remote Sensing of Environment, 183: 129-143.

Dalponte M, Orka H O, Ene L T, et al. 2014. Tree crown delineation and tree species classification in boreal forests using hyperspectral and ALS data. Remote Sensing of Environment, 140: 306-317.

Dimiceli C, Carroll M, Sohlberg R, et al. 2017. Annual Global Automated MODIS Vegetation Continuous Fields (MOD44B)at 250 m Spatial Resolution for Data Years Beginning Day 65, 2000-2014, Collection 5 Percent Canopy Cover, Version 6. College Park, MD, USA: University of Maryland.

Falkowski M J, Evans J S, Naugle D E, et al. 2017. Mapping tree canopy cover in support of proactive prairie grouse conservation in Western North America. Rangeland Ecology & Management, 70: 15-24.

Gonzalez-Roglich M, Swenson J J. 2016. Canopy cover and carbon mapping of Argentine savannas: Scaling from field to region. Remote Sensing of Environment, 172: 139-147.

Hansen M C, Potapov P V, Moore R, et al. 2013. High-resolution global maps of 21st-century forest cover change. Science, 342: 850-853.

Li L Y, Chen J, Mu X H, et al. 2020. Quantifying understory and overstory vegetation cover using UAV-based RGB imagery in forest plantation. Remote Sensing, 12: 298-316.

Liu Y, Trancoso R, Ma Q, et al. 2020. Incorporating climate effects in Larix gmelinii improves stem taper models in the Greater Khingan Mountains of Inner Mongolia, northeast China. Forest Ecology and Management, 464: 118065-118077.

Macfarlane C, Ogden G N. 2012. Automated estimation of foliage cover in forest understorey from digital nadir images. Methods in Ecology and Evolution, 3: 405-415.

Montesano P M, Nelson R, Sun G, et al. 2009. MODIS canopy cover validation for the circumpolar taiga–tundra transition zone. Remote Sensing of Environment, 113: 2130-2141.

Nasiri V, Darvishsefat A A, Arefi H, et al. 2021. Unmanned aerial vehicles (UAV)-based canopy height modeling under leaf-on and leaf-off conditions for determining tree height and crown diameter (case study: Hyrcanian mixed forest). Canadian Journal of Forest Research, 51: 962-971.

Ni W J, Sun G Q, Pang Y, et al. 2018. Mapping three-dimensional structures of forest canopy using UAV stereo imagery: Evaluating impacts of forward overlaps and image resolutions with LiDAR data as reference. IEEE Journal of Selected Topics in Applied Earth Observations and Remote Sensing, 11: 3578-3589.

Otsu N.1979. Threshold selection method from gray-level histograms. IEEE Transactions on Systems

Man and Cybernetics, 9: 62-66.

Panagiotidis D, Abdollahnejad A, Surový P, et al. 2016. Determining tree height and crown diameter from high-resolution UAV imagery. International Journal of Remote Sensing, 38: 2392-2410.

Rosca S, Suomalainen J, Bartholomeus H, et al. 2018. Comparing terrestrial laser scanning and unmanned aerial vehicle structure from motion to assess top of canopy structure in tropical forests. Interface Focus, 8: 20170038.

Sexton J O, Song X P, Feng M, et al. 2013. Global, 30-m resolution continuous fields of canopy cover: Landsat-based rescaling of MODIS vegetation continuous fields with lidar-based estimates of error. International Journal of Digital Earth, 6: 427-448.

Wallace L, Lucieer A, Malenovsky Z, et al. 2016. Assessment of forest structure using two UAV techniques: A comparison of airborne laser scanning and structure from motion (SfM)point Clouds. Forests, 7: 62-88.

Wu X Q, Shen X, Cao L, et al. 2019. Assessment of individual tree detection and canopy cover estimation using unmanned aerial vehicle based light detection and ranging (UAV-LiDAR)data in planted forests. Remote Sensing, 11: 908-929.

第 10 章

森林松材线虫病无人机遥感监测与管理

10.1 案例背景

森林是陆地生态系统的主体，有着调节气候、净化空气、维护生态平衡的重要功能，是人类社会发展不可或缺的物质基础和重要资源。近年来，我国植树造林成效显著，第九次全国森林资源清查结果显示，全国森林覆盖率 22.96%，森林蓄积 175.60 亿 m^3。但与林业发达国家相比，总体林业情况依然是缺林少绿、生态脆弱。所以在加大植树造林力度的同时，对现有林业资源的保护也是林业发展工作的重点。

现阶段，森林松材线虫病是我国保护林业资源面临的首要问题。松材线虫病原发于北美洲，是造成我国森林资源损失最为严重的森林病害，属于国家重大生态灾害。松材线虫破坏力极强，松树一旦感染，发病到死亡只有 40 天左右，如不采取有效措施，3～5 年即可造成整片松林死亡。感染松材线虫病目前尚无有效药物治疗，素有"松树的癌症"之称，是一种毁灭性的松树类森林病害。

松材线虫通过寄生在媒介昆虫体内进行传播，进入松树体内后，开始破坏枝干导管，最终致死。感染松材线虫病的松材症状主要表现为针叶变为红褐色，树干可观察到明显的蛀干害虫侵害痕迹。该病害更易发生于针叶枯黄、生长缓慢的松树。由松材线虫病引起的松属树种毁灭性死亡是一种世界性森林病害，及时发现并处置感染松材线虫病的松树是防止疫情扩散的重要手段。如何快速、准确地发现感染松材线虫的松材变色立木，是国内外众多学者正努力解决的问题。

地面调查是传统监测松材线虫病的方法。它主要依靠人工巡查，配备望远镜等工具，以小班为单位进行网格化巡查。巡查前，需查阅相关档案资料，了解松林分布和松材线虫病疫情发生情况，根据地形地貌和交通情况合理设计巡查路线。巡查时，以危害为导向，重点发现松材异常变色情况（方国飞等，2022）。我国松材线虫病疫情监测主要依靠秋季普查，疫情监测的时效性不足。2022 年国家林业和草原局发布的新版《松材线虫病防治技术方案（2022 年版）》，将日常监测和专项普查进行了统筹和明确。其中，日常监测立足于新疫情发现，强调全面调查、准确鉴定、及时报告，一般要求 2 个月一次常态化巡查，其监测范围主要是未发生疫情的松林（小班、散生松林），主要任务是发现松树异常、取样鉴定、新发疫情松林小斑确认及详查；专项普查立足于全面掌握疫情发生情况和防控成效，一年一次秋季普查，其监测范围是所有松林小斑，主要任务是查清疫情小斑病死树数量，并为冬春季松材变色立木山场集中除治服务（方国飞等，2022）。但由于松林大多处于山高、路陡、林密的地区，人工地面调查成本高、效率低，在林间又难以覆盖所有病枯死松树，导致遗漏现象普遍，从而难以精确掌握疫情发生动态情况（张红梅和陆亚刚，2017）。

　　相较于传统地面人工调查方式，卫星遥感监测不受地理条件限制，能够全天时、全天候提供大范围的松材线虫病监测数据，方便了解疫情发生的区域特性，可以增强人们在宏观尺度获取动态数据的能力，提高监测的效率。但其易受大气影响和重访周期的限制，难以灵活获取松材线虫病监测的高精度影像，对于特定时间窗口单株树级别的松材变色立木监测难以准确定位（Xue and Su，2017）。乔睿等（2015）采用 WorldView-2 多光谱数据，基于二次型分类器，实现了对"红叶松树"的识别或提取。杨雪峰等（2021）利用 0.5 m 的融合 WorldView-2 卫星遥感数据，提取了塔里木河下游胡杨林单木树冠、树高等信息，为实际生产提供了重要基础信息。董新宇（2018）使用局部最大值法和标记控制分水岭分割算法，基于 WorldView-3 图像分别进行了单株油松林木的识别与树冠提取，均取得了很好的结果。郭昱杉等（2016）基于 QuickBird 数据，采用标记分水岭分割算法，较好地提取了不同郁闭地林分的树冠。沈利强等（2017）基于综合面向对象方法和水文分析技术，提出了一种新的单株林木信息提取方法，并成功运用 Pleiades 卫星数据实现了单株木的识别，极大地减少了工作量。邓世晴（2019）基于红绿归一化植被指数（RGNDI），利用 GF-2 和 ZY-3 国产数据，对福建晋江紫帽山松材线虫病疫情程度进行划分。徐培林等（2020）综合应用 GF-2、BJ-2 和 GeoEye-1 数据，实现了四川省大面积松材变色立木的识别和研判，科学有效地分析了各区县的松材线虫病感染情况，为后续的无人机精细化遥感监测和疫情详查提供了科学支撑与依据。湖北省利用 GF-2、GF-7、北京二号、长光系列等国产高分辨率卫星数据，在对卫星数据进行一系列加工处理后，通过构建异常松材变色立木解译标志、信息提取知识库以及自动识别算法进行疫木检测定位，人工核查编辑后得到较为精准的疫情监测成果。该流程能够快速掌握重点疫区、疫点乡镇异常松材变色立木分布及变化情况，为松材线虫病疫情的发现、疫木除治效果监管提供系统性的解决思路（戴丽等，2022）。尽管卫星遥感监测森林松材线虫病成效显著，但其易受大气影响和重访周期的限制，难以灵活获取松材线虫病监测的高精度影像，对于特定时间窗口单株树级别的松材变色立木监测难以准确定位（Xue and Su，2017）。

无人机遥感具有灵活性高、应用周期短、时间和空间分辨率高、成本低等优点（李嘉祺等，2021），目前已在森林资源调查、森林火灾监测、森林病虫害监测防治、森林信息提取等方面得到广泛应用。在森林松材线虫病的监测中，使用无人机遥感既能节省大量的人力和物力，又能有效弥补卫星遥感监测上的不足，克服时间周期的限制，达到短周期监测单株松材变色立木的目的，及时为决策者提供松材线虫病早期监测和防控依据，在松材线虫病防控上有巨大的利用空间。

本章研究以山东省烟台市东北部林区为例，基于无人机多光谱影像，开展了森林松材线虫病提取研究，以为读者理解与应用无人机开展监测研究提供参考。

10.2　研究区与试验方案

10.2.1　研究区概况

选取山东省烟台市东北部林区作为研究区，研究区内属温带季风气候，雨水适中，空气湿润，气候温和，年平均降水量为 651.9 mm，年平均气温 11.8℃，年平均相对湿度 68%，适宜松材线虫病传播媒介（松墨天牛）的生长繁殖。研究区面积 3500 亩①（建模区域数据 1500 亩，测试区域数据 2000 亩），是林区内松材线虫病暴发的重要区域。研究区为人工林，其中黑松在 90% 以上，间有少量刺槐和麻栎分布，研究区如图 10.1 所示。

---

① 1 亩≈666.7 m²

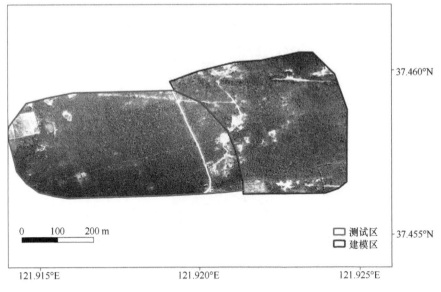

图 10.1　研究区

10.2.2　数据采集与预处理

森林多分布于地势复杂、环境恶劣地区，尤其天然林区、自然保护区等重要育林地常分布于大面积、高差大的区域，高效率获取大面积森林场景的多光谱数据是使用无人机多光谱技术监测松材线虫病的最主要需求。

垂直起降固定翼无人机具有航时长、易起降的特点，可应对万亩级的天然林场、自然保护区等大面积森林场景，整体提升多光谱遥感技术在松材线虫病监测领域的作业效率。本章研究使用 FLYTOUAV Aircross 6 AIR 垂直起降固定翼无人机平台搭载 Yusense AQ600 多光谱相机组成遥感观测平台。无人机平台与相机载荷如图 10.2 所示。在航高为 500 m 条件下，单架次有效航时可达 120 min，最大航程 120 km，可完成 19000 亩林场观测任务。

飞行作业时，天气晴朗/多云，无风，飞行高度 250 m，速度 16 m/s，航向重叠率 80%，旁向重叠率 70%，飞行时间 30 min，作业面积 2000 亩。无人机采集的数据基于 Yusense Map 软件对航空多光谱数据进行处理，得到航空多光谱影像、数字正射影像（DOM）及数字表面模型（DSM）数据。最终处理后的影像如图 10.3 所示。

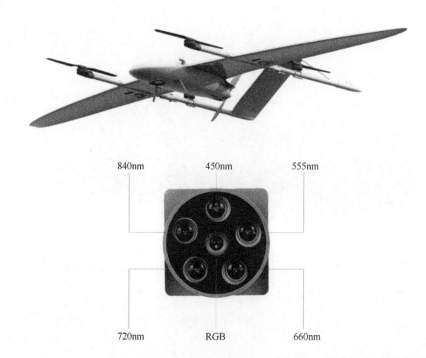

图 10.2 FLYTOUAV Aircross 6 AIR 垂直起降固定翼无人机平台 + Yusense-AQ600 多光谱相机载荷

图 10.3 无人遥感影像

10.3 监测流程与算法

本研究以传统光谱算法结合机器学习来开展松材线虫病的监测，总体技术流程如图 10.4 所示。

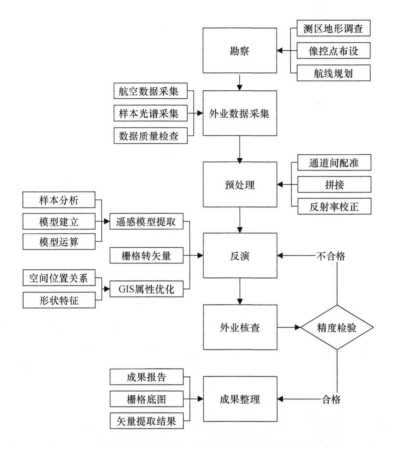

图 10.4　基于无人机多光谱遥感的松材线虫病监测技术流程

10.3.1　松材线虫病遥感监测机理解析

根据光谱遥感和植物表型学基本原理可知，不同树种或者相同树种在不同生长阶段、不同健康状态下，树木表现在不同波段的光谱反射率是不同的。松材变色立木的监测，核心思想就是通过无人机多光谱遥感的方式获取树木冠层光谱信息，并基于冠层光谱特征、形状纹理特征与空间维度特征等信息构建参数模型，基于参数模型自动化提取松材变色立木，进而判断林木的生长状况。

图 10.5 包含健康松树、松材变色立木、枯草、落叶、黄土、水泥路等多种地物的光谱曲线。从图 10.5 中可以看出，在山地的复杂地物场景下，松材变色立木

与健康松树、水泥路等地物的光谱特征有显著差异，而对于黄土、枯草等光谱特征相近的地物，差异较小，则需要引入形状特征加以区分。

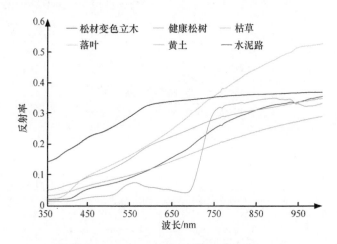

图 10.5　变色立木与复杂地物光谱特征差异

松材变色立木是由于松材线虫侵入树木后针叶失水褪绿引起的变色，而树木的整体形状没有太大变化。如图 10.6 所示，松材变色立木的大体边缘轮廓接近圆，而枯草的边缘轮廓则为不规则多边形。通过形状特征，可以将松材变色立木和枯草区分开来。

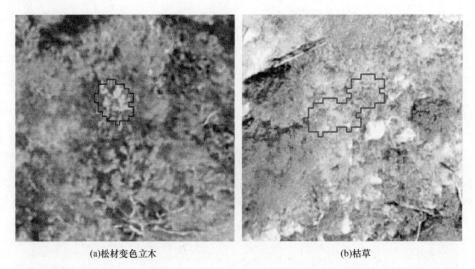

(a)松材变色立木　　　　　　　　　　　　(b)枯草

图 10.6　无人机影像纹理特征差异

10.3.2　松材线虫病遥感模型构建

构建参数模型的具体流程：基于不同地物在光谱、形状、纹理等方面的差异，首先利用光谱及形状特征作为特征空间进行初分类；其次，将初分类结果进行形状开闭运算及孔洞填充操作；然后，利用纹理及形状特征作为特征空间进行再分类；最后，结合林木立地信息分权赋值，减少松材变色立木误提，最终得到松材变色立木的提取结果。

1. 计算特征空间

（1）光谱特征根据传感器波段设置，从 380~460 nm 和 470~570 nm 分别选两个波段分别对应 Blue1、Blue2 和 Green1、Green2，其余波段范围各选一个波段分别对应 Red、Rededge、Nir。基于这些波段反射率，按式（10.1）~式（10.6）计算相应光谱指数。

$$GNDVI = \frac{Nir - Green2}{Nir + Green2} \tag{10.1}$$

$$RDI = \frac{Red - Green2}{Nir - Redege} \tag{10.2}$$

$$NDVI = \frac{Nir - Red}{Nir + Red} \tag{10.3}$$

$$GREN = Green + Red + Rededge + Nir \tag{10.4}$$

$$GBVI\_thr1 = \frac{Green1 - Blue2}{Blue2 + Blue1} \tag{10.5}$$

$$GBVI\_thr2 = \frac{Green1 - Blue2}{Green1 + Blue2} \tag{10.6}$$

式中，NDVI 为归一化植被指数，用于反映植被长势；GNDVI 为绿色归一化植被指数，用于评估植被的光合活性；RDI、GREN、GBVI_thr1、GBVI_thr2 为本章研究设计的光谱指数，用于反映松材的染病程度，放大松材变色立木与其他植被的光谱差异。

（2）光谱形状特征包括面积、长宽比、矩形度、圆度和偏心度。面积通过计算每处疑似变色立木冠层面积表示；长宽比通过计算每处疑似变色立木的最小外接矩形，用最小外接矩形的长边/短边得到；矩形度通过计算每处疑似变色立木的最小外接矩形与其面积的比值得到；圆度通过计算每处疑似变色木的周长 L 和面积 A 得到，圆度公式为 $4\pi \times A / L^2$；偏心度通过计算每处疑似变色立木的最小外接矩形的长轴与短轴的比值得到。

（3）光谱纹理特征包括方差（variance）、熵（entropy）、相关性（correlation）和方向梯度通道直方图（HOG），公式表示如下：

$$\text{Variance} = \sum\nolimits_{i,\,j} (i-u)^2 p(i,j) \tag{10.7}$$

$$\text{Entropy} = -\sum\nolimits_{i,\,j} p(i,j) \log_2 \left[p(i,j) \right] \tag{10.8}$$

$$\text{Correlation} = \sum_{i=0}^{\text{quant}_k} \sum_{j=0}^{\text{quant}_k} \frac{(i-\text{mean}) \times (j-\text{mean}) \times p(i,j)^2}{\text{Variance}} \tag{10.9}$$

式中，$p(i,j)$ 表示给定空间距离 d 和方向 θ 时，灰度以 i 为起始点，出现灰度级 j 的概率，是构成灰度共生矩阵的元素；u 为 $p(i,j)$ 的均值。式（10.8）对数一般取 2 为底，单位为 bit。若采用其他对数底，则采用其他相应的单位。

HOG 特征描述符的计算相对复杂，通过计算并整合图像局部区域内的梯度方向直方图来描述图像的特征（Dalal and Triggs，2005）。对输入图像进行梯度计算，使用 3×3 大小的 Sobel 滤波器获取水平方向梯度 $G_x(x,y)$、垂直方向梯度 $G_y(x,y)$。计算每个像素点的梯度幅值 magnitude (x,y) 和梯度方向 angle (x,y)，将图像划分为小的单元（一般为 8×8 大小），在每个单元内统计梯度方向的直方图。将相邻的单元组合成块，对每个块内的直方图进行归一化，以提高对光照变化的鲁棒性。将所有块的特征串联起来，形成最终的特征向量并用于后续计算。

$$\text{magnitude}(x,y) = \sqrt{G_x(x,y)^2 + G_y(x,y)^2} \tag{10.10}$$

$$\text{angle}(x,y) = \arctan\left(\frac{G_y(x,y)}{G_x(x,y)}\right) \tag{10.11}$$

式中，x 和 y 分别表示像素点的行、列坐标；magnitude(x,y) 为像素点的梯度幅度值，angle(x,y) 表示像素点的梯度方向。

2. 分类提取

初分类使用决策树分类，再分类使用支持向量机分类。

1）决策树分类

选取训练集，结合特征空间训练一组决策树；依次剔除每一维度中不符合特征条件的像素，保留每一特征筛选后像素的交集像素。

2）支持向量机分类

准备训练集 $T=\{(x_1,y_1),(x_2,y_2),\cdots,(x_N,y_N)\}$ 及验证集 $S=\{(x_1,y_1),\}(x_2,y_2),\cdots,(x_N,y_N)\}$ 数据，分别计算集合中数据的特征；定义超平面 $(\omega x+b=0)$ 及其与样本点的几何距离 $\left(\gamma_i=y_i\left(\dfrac{\omega}{\|\omega\|}\cdot x_i+\dfrac{b}{\|\omega\|}\right)\right)$ 的最小值 γ；选取核函数 $K(x,z)=\exp\left(-\dfrac{\|x-z\|^2}{2\sigma^2}\right)$ 和惩罚参数 C，构造并求解凸二次规划问题。

$$F(x)=\min_\alpha \frac{1}{2}\sum_{i=1}^{N}\sum_{j=1}^{N}\alpha_i\alpha_j y_i y_j K(x_i,x_j)-\sum_{i=1}^{N}\alpha_i \tag{10.12}$$

$$\text{s.t.}\quad \sum_{i=1}^{N}\alpha_i y_i=0\quad 0\leqslant\alpha_i\leqslant C, i=1,2,\cdots,N \tag{10.13}$$

计算出最优解 $\alpha^*=\left(\alpha_1^*,\alpha_2^*,\cdots,\alpha_N^*\right)^{\mathrm{T}}$；再用 α^* 的分量，计算 $b^*=y_i-\sum_{i=1}^{N}a_i^* y_i K(x_i,x_j)$；将 K 代入分类决策函数，根据 C 和 σ 的不同，可得到多个 $f(x)=\text{sign}\left(\sum_{i=1}^{N}\alpha_i^* y_i\exp\left(-\dfrac{\|x-z\|^2}{2\sigma^2}\right)+b^*\right)$，利用每个 $f(x)$ 求解验证集中样本的频率和概率，通过最大熵来确定 C 和 σ，确定 $f(x)$。

10.4　结　果　分　析

10.4.1　监测结果精度验证

精度评价结果以目视核查为参考、实地验收为准、主要由准确率、误提率、漏提率、平均偏移误差构成。其中：

$$准确率 = \frac{准确识别的染病树数目}{模型识别的总染病树数目} \qquad (10.14)$$

$$误提率 = \frac{误识别的染病树数目}{真实的染病树数目} \qquad (10.15)$$

$$漏提率 = \frac{未识别到的染病树数目}{真实的染病树数目} \qquad (10.16)$$

平均偏移误差是指识别到的松材变色立木的坐标与实际位置的偏差。成果质量等级评价如表 10.1 所示，以四个指标中的最低等级作为最终成果质量等级。

表 10.1　成果质量等级评价表

现场验收质量等级	准确率 A/%	误提率 B/%	漏提率 C/%	平均偏移误差 D/m
优	$A \geqslant 95$	$B \leqslant 5$	$C \leqslant 5$	$D \leqslant 10$
良	$90 \leqslant A < 95$	$5 < B \leqslant 10$	$5 < C \leqslant 10$	$10 < D \leqslant 15$
合格	$85 \leqslant A < 90$	$10 < B \leqslant 20$	$10 < C \leqslant 20$	$15 < D \leqslant 20$
不合格	$A < 85$	$B > 20$	$C > 20$	$D > 20$

10.4.2　监测产品与影响因素解析

通过对无人机多光谱影像进行预处理、建模和提取后，得到松材变色立木的监测结果，如图 10.7 所示。

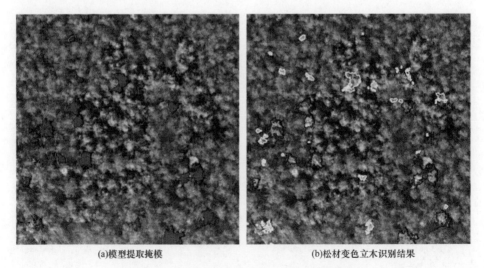

(a)模型提取掩模　　　　　　　　　(b)松材变色立木识别结果

图 10.7　多光谱影像松材变色立木细节识别图

将松材变色立木监测结果的掩模转换为矢量点格式，对松材变色立木数量进行统计，并制成松材变色立木识别结果专题图，结果如图 10.8 所示，经统计发现，截至无人机拍摄时刻，测区范围内发现松材变色立木 867 处，统计面积约 6979 m²。从松材变色立木的分布可以看出，林区边缘松材染病情况明显，尤其是靠近人类活动地点的发病率较林区深处的更高，说明人类活动是松材线虫病扩散的主要因素。

空间统计信息

测区总面积:2000亩
松材变色立木数量:867处
松材变色立木面积:6979.57m²

图例
· 松材变色立木

图 10.8　多光谱影像松材变色立木监测结果图（2022 年 3 月）

对松材线变色立木识别结果目视检查后，根据生成的成果做好空间统计（成果包含点位矢量文件、kml 文件、属性表，记录了松材变色立木点位的经纬度坐标、图面坐标和树冠的面积信息），确定松材变色立木具体位置，并导入松林小班中进行随机抽样实地核查，如图 10.9 所示，与当地森林病虫害防治检疫站踏勘人员核查记录表的结果对比分析，综合提取精度可达 90%，平均偏移误差不超过 5 m，如表 10.2 所示。

正常死亡和其他病害导致的松材失水褪色后树冠颜色与感染松材线虫病的树冠颜色相似、形状纹理特征相同，所以本章方法容易将这些松材提取出来。对随机抽样实地核查统计结果分析可以发现，本章方法识别定位松材变色立木的精度主要受地形起伏影响。在地形平坦处定位的平均精度不超过 5 m，主要原因是将提取到的掩模转换为矢量点后，只保留掩模中心位置，对于小部分树冠相连的松材变色立木，掩模结果只保留最中心的矢量点位，导致产生定位误差；在地形起伏较大处，如山坡，识别到的图上位置相对于实际位置受坡度影响，导致产生相对较大的定位误差。但根据相关人员实地核查检验反馈，这种程度的定位偏差不会影响到后期对监测到的松材变色立木的治理工作。

图 10.9 松材变色监测目视判别与野外核查

表 10.2 实地核查统计表

点位 ID	真实位置偏移/m	是否为松材线虫病	备注
1	2.05	是	
2	7.71	是	
3	1.05	否	其他病害
4	8.75	是	
5	3.12	是	
6	8.21	否	其他病害
7	4.79	是	
8	5.55	是	
9	8.94	是	
10	3.67	是	

续表

点位 ID	真实位置偏移/m	是否为松材线虫病	备注
11	1.20	是	
12	1.11	是	
13	8.54	是	
14	2.96	否	正常死亡
15	2.05	否	正常死亡
16	4.59	是	
17	4.87	是	
18	7.43	是	
19	4.46	是	
20	1.84	是	

10.5　小　　结

针对松材线虫病危害范围广、监测难度大等问题，本章提出了一种无人机多光谱遥感监测松材线虫病的方法，为实际应用提供了一种思路。对影像中松材变色立木的多种特征构建特征空间参数模型，进而提取出松材变色立木，这在实际监测松材变色立木的应用中取得了较好的效果。后续将进一步提高模型的特征提取能力，以期为松材线虫病害的防治工作提供更精准的监测成果，推动森林病害防治工作向更精准高效的方向发展。

参 考 文 献

戴丽, 周席华, 罗治建, 等. 2022. 湖北松材线虫病卫星遥感监管技术初探. 湖北林业科技, 51(4): 60-64.

邓世晴. 2019. 星机地协同的松材线虫病疫区枯死松树监测方法研究. 上海: 华东理工大学.

董新宇. 2018. 高空间分辨率遥感影像林地单木信息提取研究. 福州: 福建农林大学.

方国飞, 黄文江, 牟晓伟, 等. 2022. 松材线虫病疫情精准监测实践与展望. 中国森林病虫, 41(4): 16-23.

郭昱杉, 刘庆生, 刘高焕, 等. 2016. 基于标记控制分水岭分割方法的高分辨率遥感影像单木树冠提取. 地球信息科学学报, 18(9): 1259-1266.

黄焕华, 马晓航, 黄华毅, 等. 2018. 利用固定翼无人机监测松材线虫病疫点枯死松树的初步研究. 环境昆虫学报, 40(2): 306-313.

黄明祥, 龚建华, 张健钦. 2012. 松材线虫病害遥感监测与传播模拟研究. 北京: 中国环境科学出版社.

李博, 王广彪, 车仁正, 等. 2022. 无人机遥感监测技术在松材线虫病疫木治理中的应用. 防护林科技, (6): 71-73.

李嘉祺, 吴开华, 张垚, 等. 2021. 基于无人机光谱遥感和 AI 技术建立松材线虫害监测模型. 电子技术与软件工程, 2021(8): 91-94.

李卫正, 申世广, 何鹏, 等. 2014. 低成本小型无人机遥感定位病死木方法. 林业技术开发, 28(6): 102-106.

刘世川, 王庆, 唐晴, 等. 2022. 基于多特征提取与注意力机制深度学习的高分辨率影像松材线虫病树识别. 林业工程学报, 7(1): 177-184.

乔睿, 唐娉, 石进, 等. 2015. WorldView-2 影像的红叶松树识别研究. 北京林业大学学报, 37(11): 33-40.

沈利强, 姜仁荣, 王培法. 2017. 一种高分辨率遥感图像单木树冠信息提取方法. 遥感信息, 32(3): 142-148.

谭世才, 蔡俊, 胡晓健. 2021. 无人机可见光正射影像在松材线虫病普查中的应用. 江西科学, 39(6): 1022-1025.

田晓燃, 张运杰. 2022. 基于深度学习的松材线虫病检测方法. 长江信息通信, 35(1): 32-34.

徐培林, 周兴霞, 余安平. 2020. 松材线虫病天空地一体化立体监测技术. 测绘, 43(3): 104-108.

杨雪峰, 昝梅, 木尼热·买买提. 2021. 基于无人机和卫星遥感的胡杨林地上生物量估算. 农业工程学报, 37(1): 77-83.

余博文, 黄巍. 2021. 基于阈值分割的松材线虫病树计数与定位. 武汉工程大学学报, 43(6): 694-700.

张红梅, 陆亚刚. 2017. 无人机遥感技术国内松材线虫病监测研究综述. 华东森林经理, 31(3): 4.

张林燕, 徐丽丽, 李莉, 等. 2022. 无人机多光谱遥感技术监测松材线虫病疫木研究. 江苏林业科技, 49(3): 22-27.

Abelleira A, Picoaga A, Mansilla J P, et al. 2011. Detection of Bursaphelenchus xylophilus, causal agent of pine wilt disease on Pinus pinasterin northwestern Spain. Plant Disease, 95(6): 776.

Dropikin V H, Foudin A S. 1979. Report of the occurrence of Bursaphelenchus lignicolus-induced pine wilt disease in Missouri. Plant Disease, 63: 904-905.

Dwinell L D. 1993. First report of pinewood nematode (Bursaphelenchus xy-lophilus)in Mexico. Plant Disease, 77(8): 846.

Iordache M D, Mantas V, Baltazar E, et al. 2020. A machine learning approach to detecting pine wilt disease using airborne spectral imagery. Remote Sensing, 12(14): 2280.

Jones J T, Haegeman A, Danchin E G, et al. 2013.Top 10 plant-parasitic nematodes in molecular plant pathology. Molecular Plant Pathology, 14(9): 946-961.

Kim S R, Lee W K, Lim C H, et al. 2018. Hyperspectral analysis of pine wilt disease to determine an optimal detection index. Forests, 9(3): 115-127.

Kiyohara T, Tokushige Y. 1971. Inoculation experiments of a nematode, Bursaphelenchus sp., onto pine trees. Journal of the Japanese Forestry Society, 53(7): 210-218.

Knowles K, Y Beaubien, Wingfield J J, et al. 1983.The pinewood nematode new in Canada.ForChron, 59: 40.

Mota M M, Braasch H, Bravo M A, et al. 1999. First report of Bursaphelenchus xylophilus in Portugal and in Europe. Nematology, 1(7): 727-734.

Mota M M, Vieira P. 2008. Pine wilt disease: a world wide threat to forest ecosystems. New York: Springer.

Seung-Ho L, Hyun-Kook C, Woo-Kyun L, et al. 2007, Detection of the pine trees damaged by pine wilt disease using high resolution satellite and airborne optical imagery.Korean Journal of Remote Sensing, 23(5): 409-420.

Wulde R M A, Dymond C C, White J C, et al. 2006. Detection, Mapping, and Monitoring of the Mountain Pine Beetle. Victoria: Natural Resources Canada.

Xue J, Su B. 2017. Significant remote sensing vegetation indices: A review of developments and applications. Journal of Sensors, 1: 1-17.

Yi C K, Byun B H, Park J D, et al. 1989. First finding of the pine wood nematode, Bursaphelenchus xylophilus (Steiner et Buhrer)Nickle andits insect vector in Korea. Research reports of the Forestry Research Institute (Seoul), 38: 141-149.

第 11 章

野生动物无人机遥感调查

11.1 案例背景

野生动物调查是保护野生动物（Khaemba and Stein，2002；O'Brien，2010；Ramono et al.，2016）和生态环境管理（Austrheim et al.，2014；Harris et al.，2010；Manier and Hobbs，2007）中的关键一环。准确、详细而又及时的野生动物数据不仅能预防生态多样性损失，同时还能有效阻止盗猎活动（Norouzzadeh et al.，2017）。然而，由于调查本身的不精确性、低效性，以及调查的危险性和对野生动物的干扰等元素，野生动物调查一直以来都是野生动物管理者面对的一个重大挑战（Eikelboom et al.，2019；Gaidet-Drapier et al.，2006）。

随着硬件技术发展和制造成本的降低，无人机已经成为一种可行的野生动物调查手段。尽管无人机调查的区域一般要求地表空旷没有遮蔽物，但是这种方法当前依然被广泛采用来观测和统计野生动物（Anderson and Gaston，2013；Eikelboom et al.，2019；Gonzalez et al.，2016），包括大猩猩（Koh and Wich，2012）、大象（Vermeulen et al.，2013）、海洋动物（Hodgson et al.，2017）、野生食草动物（Guo et al.，2018；Rey et al.，2017）和各种鸟类（Hodgson et al.，2016）等。同时，无人机调查与传统的动物调查方式（地面调查、直升机调查和卫星监测）相比具有独特的优势。相对于传统的地面调查，无人机能让调查员与野生动物之间保持一定的距离，这既能更好地保护调查员的安全，也能减少人类活动对动物的打扰。而相对于直升机调查方式，无人机观测不需要专业驾驶员，而且更易于操作和更具有经济性。在安装上适当的载荷之后，无人机不仅能提供比卫星监测分辨率更高的影像数据，还能实现比卫星监测更灵活的重访周期。总之，作为一种安全、便捷而又经济的手段，无人机已经逐渐在野生动物调查中得到了越来越广泛的应用（Anderson and Gaston，2013；Gonzalez et al.，2016）。

然而，在无人机野生动物调查中，无人机系统会产生海量的影像数据（如本章研究中每架次的无人机飞行将会产生约 2000 张影像）。尽管通过人工识别来统计无人机影像上的野生动物是最直接和有效的方式，然而人工识别成千上万张无人机却是一个非常费时费力的工作（Gonzalez et al.，2016）。尤其是针对一些特殊区域（如野生动物保护区和生态敏感区）的定期调查，将会给调查人员带来巨大的工作量。为了解决这个问题，研究人员开发了很多半自动或自动算法用于识别无人机影像上的动物（Gonzalez et al.，2016；Lhoest et al.，2015；Ofli et al.，2016）。其中，包括监督分类法、非监督分类法和阈值法的像元分类方法是遥感影像中动物识别最简单和常用的方法（Jobin et al.，2008；Kudo et al.，2012；Pringle et al.，2009）。这些方法在当目标动物与背景颜色具有较大差异时能有效实现动物计数，但在颜色复杂的环境中准确率往往有限（Wang et al.，2019）。为了适应复杂的环境和提高模型准确度，机器学习方法被应用到遥感影像目标识别的任务中（Cheng and Han，2016）。尽管浅层特征识别的机器学习方法在一些简单的场景中实现了较好的识别，但在面对复杂的动物特征（包括结构、颜色和形状等特征）时却提取能力有限。

深度学习，作为一种由多层神经网络构成的新型机器学习技术（Lecun et al.，2015），当前已经为遥感领域带来了很多令人兴奋的突破（Mountrakis et al.，2018；Zhu et al.，2017）。得益于深度卷积特征的应用，目标识别的表现当前已经得到了巨大的提升，并且这个提升还会随着新的技术的发展不断继续（Liu et al.，2019）。具体地，针对无人机影像上的动物识别，当前的研究已经利用深度学习技术取得了一些令人满意的结果。但是尽管深度学习在该领域中的表现突出，但最前沿的深度学习算法也仍然难以直接应用到大区域的无人机调查中去。

具体而言，有两个主要的实际问题限制了深度学习在该领域的应用。第一，描绘动物的像元有限。无人机在动物调查中总会趋向于尽量提升飞行高度，以减少对野生动物的干扰和提高大区域调查中的飞行效率。这就导致描绘动物的像元数量变得有效，影像上的动物图像变得模糊不清。第二，目标动物在无人机影像中往往呈现稀疏分布的特征，存在大量没有目标动物的"空影像"，而这些大量的"空影像"容易累积误报结果，导致目标动物调查出现误差。

本章研究的目标是解决无人机和深度学习技术在大区域上进行野生动物调查

中遇到的实际问题。为了达到这个目标，本章研究采用了数据预处理和深度学习算法提升技巧来提高无人机对野生动物调查的精度。试验结果表明，深度学习算法能很好地解决野生动物调查中遇到的实际问题，并有效地实现大区域的无人机野生动物调查。

11.2　研究区与试验方案

11.2.1　研究区概况

研究中的飞行试验是在青藏高原东部的三江源国家公园玛多县境内完成的，如图 11.1 所示。玛多县的海拔在 3902～5243 m，平均海拔约 4200 m。这个县境内主要分布了 50 种野生脊椎动物，如藏野驴、藏羚羊和岩羊。这个县的地形主要包括平原、沙漠和沼泽，大概占了 25300 km^2。草地是这个区域最主要的植被覆盖形式，大概占了 87.5%（Gao et al.，2012）。

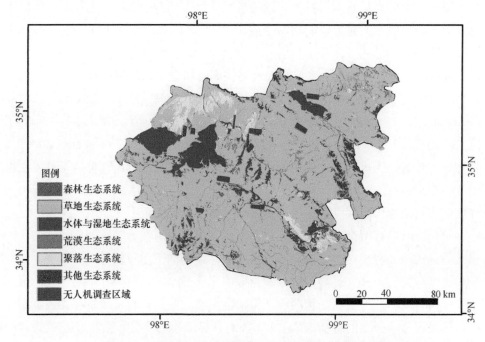

图 11.1　玛多县野生动物调查中无人机调查区域位置图

11.2.2　无人机参数和飞行试验

本章研究中的无人机试验采用的无人机是中国科学院水利部成都山地灾害与环境研究所研制的固定翼无人机和深圳飞马机器人科技有限公司生产的固定翼无人机（表 11.1）。两台无人机搭载的均是索尼 ILCE-5100 相机，生成的数据为 RGB 影像，图像分辨率 6000×4000 像素。

表 11.1　研究中使用的无人机和载荷部分参数

无人机类型	生产单位	载荷	载荷类型	影像分辨率/像素	飞行高度/m	地面分辨率/cm
固定翼	中国科学院水利部成都山地灾害与环境研究所	索尼 ILCE-5100 相机	RGB 镜头	6000×4000	200～350	4～7
固定翼	深圳飞马机器人科技有限公司	索尼 ILCE-5100 相机	RGB 镜头	6000×4000	200～350	4～7

在执行无人机飞行任务时，无人机的默认飞行高度被设置为 250 m，但是由于地面起伏较大，相对地面的飞行高度在 200～350 m 起伏，生成影像的地面分辨率为 4～7 cm。影像获取时影像的航向和旁向重叠度分别为 80%和 50%。2017 年 4 月 9～18 日，本章研究在玛多县完成了 14 个架次的无人机飞行实验。无人机飞行中，总计获取 23784 张无人机 RGB 影像，野生动物调查面积覆盖 326 km^2。

11.3　监测流程与算法

为了实现无人机藏野驴调查，本章研究主要对无人机影像数据做了两个方面的处理：数据准备和深度学习模型改造，如图 11.2 所示。

1. 数据准备

为了实现藏野驴调查，无人机影像在数据准备阶段主要进行了三方面处理：影像分割、影像标记和影像分配。首先，深度学习模型具有多层神经网络，在处理图像时将生成大量临时文件。为了防止模型占用的内存（或显存）过大而导致运行失败，实验中将原始无人机影像分割成 1024×600 的影像块。另外，实验中采用了 LabelImg 2019 软件对图像块中的藏野驴进行标记。每头藏野驴均在图像上用一个外包四边形标记出来。最后，为了有效完成模型训练、验证和测试，无人机影像数据被分配到了不同的数据集中，如表 11.2。

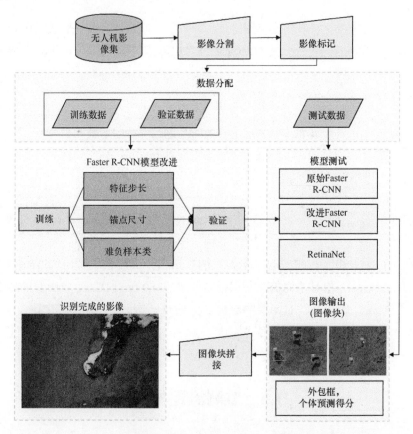

图 11.2 基于无人机影像和改进深度学习算法的藏野驴调查流程图

表 11.2 无人机影像数据分配

数据集	架次数	影像数	有动物影像数	有动物影像块数	动物个体数
训练集	10	18496（77.88%）	335（63.93%）	981（68.75%）	2643（65.71%）
验证集	2	2018（8.50%）	79（15.08%）	132（9.25%）	427（10.62%）
测试集	2	3234（13.62%）	110（20.99%）	314（22.00%）	952（23.67%）
总计	14	23748	524	1427	4022

注：表格中括号内的数据代表在总体数量中占的百分比。

2. 深度学习模型改造

如前文所述，当深度学习应用到识别无人机野生动物调查中时，主要会遇到描绘动物的像元有限和无人机的影像上的目标动物稀疏分布两个实际问题。为了解决这两个问题，本章研究在 Faster R-CNN 的基础上主要采用了缩减特征跨度（feature stride）、优化锚尺度（anchor size）和引入难负样本类（hard negative class）三个策略。缩减特征跨度主要指减少在卷积神经网络中使用下采样的池化操作。优化锚尺度主要是调节模型推荐的锚的大小，使之更加适用于图像中的野生动物小目标。引入难负样本类指将模型在训练集上做预测，并将收集到的难负样本归为一类，用这种方式使模型快速适应数据集中的难负样本。

11.4　结　果　分　析

11.4.1　改进策略结果

　　模型通过逐一添加缩减特征跨度、优化锚尺度和引入难负样本类三个主要策略在验证集上的表现，如表 11.3 所示。结果表明，添加改进策略之后，模型的表现逐渐提高，其中 $F1$ 得分从原始 Faster R-CNN 的 0.84 提升到三个策略一起使用的 0.95。这表明研究中采用的三个策略均有效缓解了深度学习在应用到野生动物调查中的实际问题。

表 11.3　使用改进策略之后与原始 Faster R-CNN 模型识别藏野驴结果对比

模型和策略	GT	TP	FP	P	R	$F1$
原始 Faster R-CNN	432	364	66	0.85	0.84	0.84
缩减特征跨度	432	385	56	0.87	0.89	0.88
优化锚尺度	432	417	35	0.92	0.97	0.94
引入难负样本类	432	412	26	0.94	0.95	0.95

　　注：GT，目标动物数量真值；TP，正确预测数量；FP，错误预测数据；P，模型精确度；R，模型召回率。

11.4.2　模型对比测试结果

　　为了测试改进后的模型在实际使用中的有效性。本章研究将改进模型与原始 Faster R-CNN、RetinaNet 两个目标识别经典算法在测试集上做对比。测试结果表明，改进的算法能有效减少模型在"空影像"上的错报情况（图 11.3）。其中，RetinaNet 的表现对比原始 Faster R-CNN 模型略差，但是这两个模型均有大量错报（分别为 413 张和 326 张影像产生错报）。在采用改进策略之后，模型产生的错报大量减少，仅在 21 张影像上产生错报。另外，相比于人工手动识别，利用改进的深度学习模型，能将需要人工处理的图像由 3234 张降低到 131 张，显著减少人工解译的工作量，如图 11.3 所示。

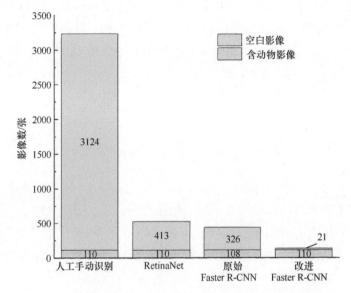

图 11.3　人工手动识别与利用 RetinaNet、原始 Faster R-CNN 和改进 Faster R-CNN 模型在藏野驴调查中需要处理的影像数对比

11.5　小　　结

　　利用无人机和深度学习进行野生动物调查时，会出现包括目标动物像元数较少和影像中目标动物稀疏分布的实际问题，且这些问题会严重影响野生动物调查的效率。本章研究采用缩减特征跨度、优化锚尺度和引入难负样本类三个策略来解决这些实际问题。结果表明，三个策略能依次提高野生动物识别精度。在对比时，策略改进的模型表现明显优于原始 Faster R-CNN 和 RetinaNet 模型。总之，通过采用改进策略，深度学习模型能在结合无人机后有效实现大区域上的野生动物调查。

参 考 文 献

Anderson K, Gaston K J. 2013. Lightweight unmanned aerial vehicles will revolutionize spatial ecology. Frontiers in Ecology and the Environment, 11: 138-146.

Austrheim G, Speed J D M, Martinsen V, et al. 2014. Experimental effects of herbivore density on aboveground plant biomass in an alpine grassland ecosystem. Arctic, Antarctic, and Alpine Research, 46: 535-541.

Cheng G, Han J. 2016. A survey on object detection in optical remote sensing images. ISPRS Journal of Photogrammetry and Remote Sensing, 117: 11-28.

Eikelboom J A J, Wind J, van de Ven E, et al. 2019. Improving the precision and accuracy of animal population estimates with aerial image object detection. Methods in Ecology and Evolution, 2019: 1-13.

Gaidet-Drapier N, Fritz H, Bourgarel M, et al. 2006. Cost and efficiency of large mammal census techniques: Comparison of methods for a participatory approach in a communal area, Zimbabwe. Biodiversity and Conservation, 15: 735-754.

Gao J, Li X, Brierley G. 2012. Topographic influence on wetland distribution and change in Maduo County, Qinghai-Tibet Plateau, China. Journal of Mountain Science, 9: 362-371.

Gonzalez L F, Montes G A, Puig E, et al. 2016. Unmanned aerial vehicles (UAVs)and artificial intelligence revolutionizing wildlife monitoring and conservation. Sensors (Switzerland), 16(1): 97.

Guo X, Shao Q, Li Y, et al. 2018. Application of UAV remote sensing for a population census of large wild herbivores-taking the headwater region of the Yellow River as an example. Remote Sensing, 10(7): 1041.

Harris G, Thompson R, Childs J L, et al. 2010. Automatic storage and analysis of camera trap data. Bulletin of the Ecological Society of Americal, 91: 352-360.

Hodgson A, Peel D, Kelly N. 2017. Unmanned aerial vehicles for surveying marine fauna: Assessing detection probability. Ecological Applications, 27: 1253-1267.

Hodgson J C, Baylis S M, Mott R, et al. 2016. Precision wildlife monitoring using unmanned aerial vehicles. Scientific Reports, 6: 1-7.

Jobin B, Labrecque S, Grenier M, et al. 2008. Object-based classification as an alternative approach to the traditional pixel-based classification to identify potential habitat of the Grasshopper Sparrow. Environmental Management, 41: 20-31.

Khaemba W M, Stein A. 2002. Improved sampling of wildlife populations using airborne surveys. Wildlife Reserch, 29: 269-275.

Koh L P, Wich S A. 2012. Dawn of drone ecology: Low-cost autonomous aerial vehicles for conservation. Tropical Conservation Science, 5: 121-132.

Kudo H, Koshino Y, Eto A, et al. 2012. Cost-effective accurate estimates of adult chum salmon, Oncorhynchus keta, abundance in a Japanese river using a radio-controlled helicopter. Fisheries Research, 119-120: 94-98.

Lecun Y, Bengio Y, Hinton G. 2015. Deep learning. Nature, 521: 436-444.

Lhoest S, Linchant J, Quevauvillers S, et al. 2015. How many hippos (Homhip): Algorithm for automatic counts of animals with infra-red thermal imagery from UAV. International Archives of the Photogrammetry, Remote Sensing and Spatial Information Scitences-ISPRS Archives, 40: 355-362.

Liu L, Ouyang W, Wang X, et al. 2019. Deep learning for generic object detection: A survey. International Journal of Compute Vision, 128(2): 261-318.

Manier D J, Hobbs N T. 2007. Large herbivores in sagebrush steppe ecosystems: Livestock and wild ungulates influence structure and function. Oecologia, 152: 739-750.

Mountrakis G, Li J, Lu X, et al. 2018. Deep learning for remotely sensed data. ISPRS Journal Photogrammetry Remote Sensing, 145: 1-2.

Norouzzadeh M S M S, Nguyen A, Kosmala M, et al. 2017. Automatically identifying, counting, and describing wild animals in camera-trap images with deep learning. Proceedings of the National Academy of Sciences, 115: E5716-E5725.

O'Brien T G. 2010. Wildlife picture index and biodiversity monitoring: Issues and future directions. Animal Conservation, 13: 350-352.

Ofli F, Meier P, Imran M, et al. 2016. Combining human computing and machine learning to make sense of big (Aerial)data for disaster response. Big Data, 4: 47-59.

Pringle R M, Syfert M, Webb J K, et al. 2009. Quantifying historical changes in habitat availability for endangered species: Use of pixel- and object-based remote sensing. Journal of Applied Ecology, 46: 544-553.

Ramono W, Rubianto A, Herdiana Y. 2016. Spatial Distributions of Sumatran Rhino Calf at Way Kambas National Park based on Its Footprint and Forest Fire in One Decade (2006 to 2015). Sigapore Zoo: Scientific Program of the 15th International Elephant & Rhino Conservation and Research Symposium.

Rey N, Volpi M, Joost S, et al. 2017. Detecting animals in African Savanna with UAVs and the crowds. Remote Sensing of Environment, 200: 341-351.

Vermeulen C, Lejeune P, Lisein J, et al. 2013. Unmanned aerial survey of Elephants. PLoS One, 8(2): e54700.

Wang D, Shao Q, Yue H. 2019. Surveying wild animals from satellites, manned aircraft and unmanned aerial systems (UASs): A review. Remote Sensing, 11(11): 1308.

Zhu X X, Tuia D, Mou L, et al. 2017. Deep learning in remote sensing: a review. IEEE Geoscience and Remote Sensing Magazine, 5(4): 8-36.

第 **12** 章

高原草地放牧强度监测与定量评估

12.1 案例背景

畜牧业是高原牧区的支柱产业。它的良性、健康、可持续发展对于高原牧区社会、经济可持续发展至关重要。适度放牧不仅有助于提高草地生产力，还能帮助牧民增收，实现生态与经济效益的双赢（Xu et al.，2018；Ma et al.，2019）。过度放牧虽能获得暂时的经济效益，但从长远看，将会破坏草地生态系统，给畜牧业带来不可逆的伤害，导致生态和经济效应的双重损害（Fan et al.，2019；Ma et al.，2019）。受旅游业、畜产品价格上涨等诸多因素的影响，越来越多的牧区出现了过度放牧、载畜量严重超载等问题（Numata et al.，2007；Rinella et al.，2011；Robinson et al.，2014）。它不仅影响畜牧业的可持续发展，还带来诸如草地沙化、毒草入侵、湿地退化等一系列生态环境问题（Wang et al.，2016）。破解这一问题，不仅需要开展受损生态环境的恢复治理，更需要合理科学地制定畜牧业调控政策和发展规划（Ali et al.，2016）。监测牧场放牧状况、定量估算区域尺度放牧强度就成为开展此项工作的重要环节（马青青等，2018；翟星等，2021）。

放牧强度（grazing intensity，GI）指单位草地面积在一定时期内放牧牲畜的头数（Holechek et al.，1998）。传统的放牧强度信息主要通过统计方法获得，特别是采用围栏放牧的区域。一般通过入户调查或逐级上报的方式获得各牧场的面积和牲畜存栏量，再用牲畜存栏量与牧场面积的比值表征放牧强度（Ma et al.，2019）。基于统计法获得的放牧强度在时空两个维度上均为常数。实际上，受微地形、毒草入侵、草地退化等多因素的协同作用，牧场内草地生长状态空间差异显著。同时，不同草地类型的物候和生存环境的差异，又会引起草地生长过程的异质性，再加上牧民放牧行为的干扰，最终导致放牧强度在时空两个维度上表现出明显的异质性特征（Insua et al.，2019）。显然，统计法得到的放牧强度很难反映真实牧场在时空尺度上存在的异质性特征。

放牧行为将降低牧场的植被覆盖度、地上生物量等（Bastin et al.，2012），这些变化能够被各类遥感影像所捕捉。因此，一些学者利用各种遥感植被指数（如NDVI、EVI）来定量估算放牧强度（Yu et al.，2010；Feng and Zhao，2011；Yang and Guo，2011；Li et al.，2016；Wang et al.，2016）。由于卫星遥感具备定期、重复地对同一区域开展持续观测的能力，遥感方法成为区域尺度长时间序列放牧强度信息获取的重要途径。但是，大区域尺度放牧强度估算模型的构建与训练需要真实的放牧强度信息作为训练数据。由于牧场内牲畜的啃食行为具有一定的随机性和动态性（Kawamura et al.，2005），通过实地直接观测的方式获取真实放牧强度信息的难度很大（Ma et al.，2019）。因此，通过有限的围栏实验，获取不同放牧强度下草地的光谱曲线、植被指数、生物量等信息（Thomson，1995；Sha et al.，2014），并以此作为真实放牧强度信息，成为区域尺度放牧强度估算常用的方式。考虑到该方式费时费力、周期长，且真实放牧强度在时空维度上的异质性，迫切需要找出一种更直接的放牧强度真值获取方法，用于放牧强度估算模型的构建。

定位器是一种能够通过 GPS、北斗或无线电通信基站获取位置信息的设备，能够实时或以固定间隔返回所跟踪动物个体或群体的位置信息（Gurarie et al.，2019）。目前，定位器技术已被广泛应用到野生动物监测等诸多领域，为开展动物轨迹、生活方式、动物行为、习性等相关研究提供了大量第一手的资料（Turner et al.，2000；Schieltz et al.，2017；McGranahan et al.，2018）。牛、羊等牲畜为群体性觅食动物，因此只要为跟踪的畜牧群佩戴上一个或多个定位器，就能便利地追踪畜牧群每日的移动轨迹。而畜牧群的移动轨迹可以在一定程度上反映畜牧群对牧草的啃食状况。若某一区域记录的畜牧群轨迹点越密集，则说明该区域的牧草被畜牧群啃食的概率越大，其放牧强度就越高。更为重要的是，这些轨迹数据能够真实地表达放牧强度的时空动态特征。因此，基于 GPS 定位器获取的牲畜轨迹信息有助于定量地估算单个牧场的真实放牧强度信息，并以此为真值，训练并构建区域尺度放牧强度估算模型。

对于牧场尺度放牧强度估算来说，需要准确获取每个牧场的面积和存栏量等数据。入户调查是最通用的方式，但其面临数据准确度不高、费时耗力等问题（Shao et al.，2019）。卫星遥感技术的出现，为地表信息客观、快速地获取提供了新的手段。但由于单个牲畜个体小、牧场的围栏较窄，即使当前分辨率优于 1 m 的商业卫星影像，也难以准确识别单个牲畜个体和围栏（Barbedo and Koenigkan，2018）。无人机技术的出现与发展，使得快速、灵活地获取更高空间分辨率影像（cm 尺度）成为现实（Guo et al.，2018；Kellenberger et al.，2018）。目前，无人机影像已被成功用于家养、野生等动物的识别等相关研究中（Guo et al.，2018；Shao et al.，2019），也将为直接、快速地获取牲畜存栏量等信息提供新的技术手段。

整体来看，借助星–机–地一体化监测手段，综合利用卫星观测平台、无人机观测平台和地面定位器跟踪等高新技术，通过无人机遥感平台的中间桥梁作用和时空尺度扩展思想，可为高原地区放牧强度的监测与定量估算提供方法支持。本章以若尔盖县向东村为例，阐述了星–机–地一体化的高原草地放牧强度估测技术。

12.2　研究区与试验方案

为实现对高原放牧强度的监测，本章研究提出了星–机–地一体化的监测方法（Lei et al.，2020）。该方法充分利用了无人机遥感对牛、羊、围栏等细小目标的识别和监测能力，又发挥了定位器对牲畜群移动轨迹的持续跟踪能力，以及卫星遥感影像对大区域地表状况的监测能力。星–机–地一体化协同监测不仅能够实现对高原牲畜群和放牧行为的实时监测，也为大区域放牧强度的定量估算提供了技术支撑。2018 年 7～12 月，在当地牧民的协助下，研究团队在若尔盖县向东村选择了 10 个牧场开展星–机–地一体化放牧强度监测试验，所选牧场位置如图 12.1 中绿色圆点所示，具体试验方案与数据获取如下。

12.2.1　无人机遥感试验

无人机遥感平台主要用于获取厘米级分辨率的可见光遥感影像，实现对牛、羊、围栏等细小目标的识别和监测，服务于牧场存栏量和面积等信息的获取。整个监测期，共开展了三次无人机观测试验。第一次用于获取各监测牧场的面积和牲畜存栏量。第二次和第三次用于发现各监测牧场牲畜存栏量的变化。

无人机遥感平台选用大疆 Phantom 4 Pro 无人机。该无人机机身小，灵活性高，易操作，自身搭载了一个焦距为 8.8 mm、像素为 2000 万的可见光相机。无人机观测时飞行高度设定为 400 m，所获得影像的空间分辨率为 8 cm，从而确保能够

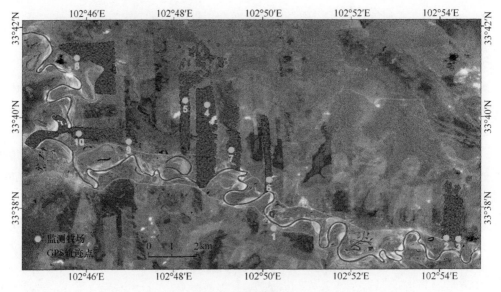

图 12.1　若尔盖县向东村监测牧场及长时序移动轨迹点分布

从影像中识别出牲畜和围栏。为确保后期影像拼接效果，无人机飞行的航向和旁向重叠度分别设置为 80% 和 65%。整个无人机飞行时段选择在 9:00～14:00 无风期进行。为了确保无人机影像能完全覆盖各监测牧场，无人机监测范围比监测牧场的边界更大。无人机飞行过程中，利用 Trimber 手持 GPS 同步测量了多个具有明显特征的参照物的地理位置，包括围栏的角点、道路的交叉点、房屋的角点等，以便于后期对无人机影像进行几何配准。无人机获取遥感影像后，对获取的影像进行拼接、几何校正等预处理，使得处理后的无人机影像的定位精度优于 0.5 m（张正健等，2016），然后用于牲畜群和围栏的识别。

12.2.2　地面牲畜群移动轨迹监测试验

牲畜群长时序移动轨迹跟踪监测试验是星-空-地一体化监测中地面监测的内容，主要借助定位器开展。试验中，在各监测牧场随机选择 2 头强壮牦牛佩戴定位器。该定位器能同时支持 GPS、北斗和基于位置的服务（LBS）三种定位模式。当 GPS 和北斗信号较强时，采用 GPS 和北斗双模态定位，定位精度高；当 GPS 和北斗信号弱或无信号时，采用 LBS 定位模式，其定位精度低。电池容量是定位器使用时长最主要的限制因素（Akasbi et al.，2012）。电池电量用尽后，需取下定位器，待充满电后再重新佩戴。为了尽可能减少电池充电次数，同时保证每天有足够多的轨迹点记录牲畜群的运动轨迹，结合生产厂家对定位间隔和使用时长的测试结果，将定位器的定位时间间隔设置为 1 h，即每日记录 24 个轨迹点。定位器记录的轨迹点的信息通过移动通信网络直接传输到服务器，再通过服务器下载轨迹点数据。通过该方式能够在不回收定位器的情况下，随时掌握获取定位器的工作状态和所获取的数据质量，便于研究团队及时调整试验方案。

研究团队于 2018 年 7 月 20 日，在当地牧民的帮助下，为 10 个牧场的 20 头牦牛初次佩戴了定位器。2018 年 9 月 28 日，绝大部分定位器电池电量即将用完，取下定位器充满电后再次佩戴。2018 年 12 月 2 日，收回所有定位器，完成地面试验。通过对所获取的牲畜群定位跟踪轨迹数据的初步分析（图 12.1），8 个牧群（#2、#3、#4、#5、#6、#7、#8 和#10）定位器完整记录了 8～11 月的运动轨迹；2 个牧群（#1 和#9）所佩戴的定位器在开始阶段就出现了损坏，仅记录了开始阶段少量位置信息。后期分析与处理排除了牧群#1 和#9 的记录。另外，将牲畜群的轨迹点与无人机影像和卫星影像叠加后发现，除了采用 LBS 模式获得的轨迹点位置存在偏移外，采用 GPS 和北斗双模式获得的轨迹点定位精度高。因此，本研究在分析中仅考虑了 GPS 和北斗双模式获得的轨迹点。

12.2.3　卫星遥感试验

星–机–地一体化监测中卫星监测基于在轨运行的各类卫星（Wang et al.，2016；Gimenez et al.，2017）。MODIS 影像由于具有较高的时间分辨率，是放牧强度估算最常被采用的数据源。但实地考察发现，若尔盖高原牧区的牧场大多呈长条状分布，单个牧场宽度为 100～300 m，长度则长达 3～8 km。若采用 MODIS 影像，反演结果将难以表达牧场内放牧强度的空间异质性。Landsat 8 OLI 影像和 Sentinel-2 影像的空间分辨率为 10～30 m，能够刻画牧场内放牧强度的差异。Landsat 8 OLI 影像的回访周期是 16 天，Sentinel-2 影像的回访周期是 5 天（Drusch et al.，2012）。试验监测期内若尔盖高原地区云覆盖率高，长回访周期往往难以得到适合的无云的高质量遥感影像。因此，本研究选择 Sentinel-2 A/B 影像（表 12.1）作为区域尺度放牧强度反演的关键数据源。通过对监测期内所有 Sentinel 数据的筛选，共获得了 4 期数据质量相对较高（云覆盖率低于 5%）的 Sentinel-2A/B 影像。所有 Sentinel-2 A/B 影像均从 USGS EarthExplorer 平台下载。本章研究仅采用了遥感影像 10 个波段的数据（波段 2～8、8A、11 和 12），波段 1、9 和 10 的空间分辨率相对较低（60 m）未被使用。同时，空间分辨率为 20 m 的波段（波段 5～7、8A、11 和 12）被重采样到 10 m。

表 12.1　所选 Sentinel-2A/B 影像特征

序号	轨道编号	卫星平台	获取时间	云覆盖量/%
1	T48STC	Sentinel-2A	2018-8-23	0.4
2	T48STC	Sentinel-2A	2018-9-22	4.8
3	T48STC	Sentinel-2B	2018-10-17	3.0
4	T48STC	Sentinel-2A	2018-11-1	0.0

12.3　监测流程与算法

本章研究提出的方法的总体流程如图 12.2 所示。该方法综合利用星–机–地一体化观测，基于核密度估计获得牧场尺度放牧强度信息，再借助时空尺度扩展思

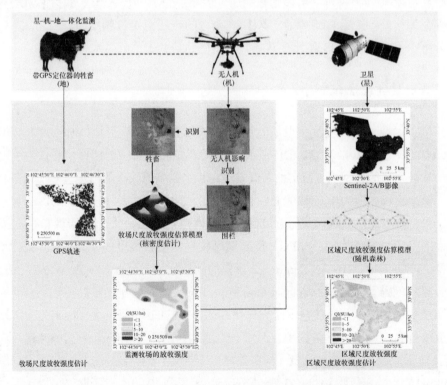

图 12.2　基于星–机–地一体化监测的放牧强度估算方法流程图

想，利用随机森林算法构建了区域尺度放牧强度估算模型，在区域尺度实现具有时空动态特征的放牧强度定量估算。

12.3.1 牲畜和围栏识别

在无人机影像中，牦牛主要呈现为黑色的团块，而草地呈现出深浅不一的绿色，牦牛与背景草地之间的光谱特征差异十分显著 [图 12.3（b）]。同时，相邻牧场之间由于放牧强度、放牧时间等的差异，其纹理、光谱等信息也存在明显差异，这为相邻牧场间围栏的识别提供了可能 [图 12.3（c）]。考虑到人工目视解译判读精度高且解译的工作量相对较小，因此本章研究采用人工目视判读的方式识别牛、羊等牲畜，以及相邻牧场的围栏边界。经目视解译，共获取了三个时期各个牧场的牲畜头数（表 12.2），以及 2018 年 7 月无人机影像中 10 个牧场的围栏边界信息。

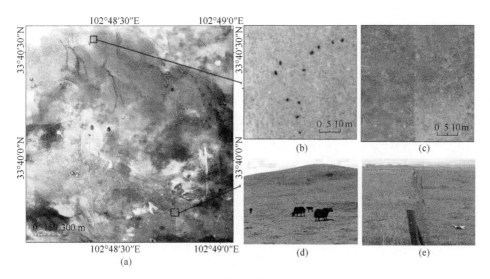

图 12.3 无人机遥感影像中的牦牛和围栏示意

12.3.2 牧场尺度放牧强度估算

受定位器电池电量的制约，定位器记录的牲畜群移动轨迹点的采样间隔设定为 1 h，也就是说每天只有 24 个轨迹点。因此，基于轨迹点的分布来估算放牧强度信息就可以看成是基于样本估计总体特征的行为。核密度估计（kernel density estimation，KDE）恰好是一种基于有限样本估计总体概率密度函数的方法。它不

表 12.2　各监测牧场的面积及不同时期的存栏量

	面积/hm²	2018 年 7 月 20 日存栏量/羊单位	2018 年 9 月 28 日存栏量/羊单位	2018 年 12 月 2 日存栏量/羊单位
牧场#1	100.61	360	360	220
牧场#2	50.39	120	116	116
牧场#3	86.87	258	258	254
牧场#4	225.01	1020	1016	588
牧场#5	350.21	727	719	479
牧场#6	42.77	126	126	122
牧场#7	155.01	470	470	246
牧场#8	200.75	816	812	600
牧场#9	91.86	370	366	366
牧场#10	96.85	409	409	229

需要引入对数据分布的先验假设，只从样本本身出发获取数据分布特征，因此，本章研究将利用核密度估计方法估算牧场尺度的放牧强度（paddock scale grazing intensity，PGI）。它假定区域内的每一个点都具有可量测的事件强度，且每个点的事件强度可以由一定距离内的所有事件点估计。具体来说，以每个目标点 x 为中心，通过核函数计算出每个目标点在指定半径范围内（以带宽 h 为半径的圆）各个估计点的密度贡献值，搜索半径范围的估计点距离目标点越近，其密度贡献值越大。放牧强度是与一个与时间无关的量。因此，还需要消除监测时间和采样频率的影响。目标点 x 的核密度值是一个无量纲的概率值，需要乘以围栏中的牲畜存栏量才能转换为放牧强度。因此，基于核密度估计的牧场尺度放牧强度估算的基本原理如式（12.1）所示：

$$\mathrm{GI}(x) = \frac{N \dfrac{1}{nh} \sum_{i=1}^{n} K\left(\dfrac{x - x_i}{h}\right)}{T \times f} a \tag{12.1}$$

式中，$\mathrm{GI}(x)$ 为目标点的放牧强度，即单位时间内牛、羊等牲畜出现的次数；T 为监测时长，单位为天；f 为定位器一天内的采样频率；N 为单个牧场内牲畜群的总头数，单位为标准羊单位；h 为牲畜群活动半径，也就是牲畜群的活动半径；n 为落在目标点 x、牲畜群活动半径 h 的邻域内的轨迹点个数；a 为调整系数；K 为核函数，其值随着目标点 x 与轨迹点 x_i 的距离的增大而递减，本章研究选用高斯核作为核函数，其计算公式如下：

$$K\left(\frac{x-x_i}{h}\right)=\frac{1}{\sqrt{2\pi}}e^{-\frac{(x-x_2)^2}{2h^2}} \tag{12.2}$$

为了更好地与区域尺度放牧强度估算相衔接，估算的牧场尺度的 GI(x) 的空间分辨率设定为 10 m。N 和 h 是本章研究提出的放牧强度估算方法中最重要的参数。牲畜头数 N 通过统计各个牧场解译结果得到。考虑到不同牧场所放牧的牲畜种类存在差异，为了使各个牧场得到的放牧强度可比，本章研究将不同类型牲畜的数量统一转化为羊单位（SU），折算系数参考了 Wang 等（2016）采用的系数。其中，1 只羊=1 羊单位；1 头牦牛=4 羊单位。牲畜群活动半径 h 最简单的获取方式是测量无人机影像解译的各个牲畜群在空间上的最大圆形的包络线。然而，无人机单次获取的各牲畜群的空间分布状况并不一定能够完全反映其通常状态下的活动规律。因此，本章研究借用空间换时间的思路，基于各个牲畜群数量与活动半径的实测数据，利用最小二乘构建牲畜群数量与活动半径之间的线性回归关系，再基于回归方程估算各个牲畜群的活动半径。由于围栏附近的一些轨迹点的带宽超出了围栏的边界，当采用 KDE 算法估计 PGI 时，围栏外相邻区域也可能被赋予 GI，导致围栏内 GI 被低估。因此，采用调整因子 a 来消除对 PGI 的系统性低估。调整因子的值由各围栏的统计 GI 与其初始估计的 PGI 之间的偏差程度决定。

放牧强度原则上是一个与时间无关的量，人们可以得到任意时段内的放牧强度。为了能够方便牧场尺度的放牧强度扩展到区域尺度，本章研究将牧场尺度放牧强度估算的时间段与所选择遥感影像的获取时间保持一致，即估算 2018 年 8 月 23 日～9 月 22 日、2018 年 9 月 22 日～10 月 17 日和 2018 年 10 月 17 日～11 月 1 日三个时段以及 2018 年 8 月 23 日～11 月 1 日整个时段牧场尺度的放牧强度。

12.3.3　区域尺度放牧强度估算

牛羊对牧草啃食会改变草地的地表反射率。一段时期内，放牧强度的差异将会引起监测期首尾两个时期遥感影像光谱变化的差异。因此，放牧强度与监测期首尾两个时期影像光谱变化的相关关系是区域尺度放牧强度（regional scale grazing intensity，RGI）遥感估算的理论基础。放牧强度的估算原理可以概化为以下公式：

$$GI = f(\Delta SR_x,\ \Delta NDVI) \tag{12.3}$$

式中，GI 为放牧强度；ΔSB_x 为相邻两个时期遥感影像波段 x 的地表反射率差值，仅选择了空间分辨率为 10 m 和 20 m 的 10 个波段参与 GI 估算模型的构建。由于 NDVI 对放牧较为敏感（Kawamura et al.，2005；Bradley and O'Sullivan，2011），NDVI 的差值作为因变量也参与模型的构建。考虑到物候是除放牧外另一个引起 NDVI 变化的重要因素，因此放牧强度的计算需要消除物候对 NDVI 的影响。本章研究计算了未放牧区 NDVI 变化的均值，以代表物候引起的 NDVI 变化，并从相邻两期遥感影像 NDVI 变化值中减去上述均值以消除物候的影响，在公式中用 $\Delta NDVI$ 表示。

本章研究选用随机森林（RF）回归算法来构建 RGI 估计模型。在 RF 中，每棵树都是通过从训练数据集中选择一组随机变量和一个随机样本子集来构建的（Breiman，2001）。最终的 RF 预测器通过求取所有树的平均值得到。为了评估每个变量的贡献度，常采用基尼系数重要性作为评价指标。较高的基尼系数重要性值表明变量的相对重要性高（Zhao et al.，2019）。该策略增强了树之间的多样性，避免了过度拟合，也增加了模型的稳健性，同时还具有处理高维数据和解决多重共线性的能力（Belgiu and Dragut，2016；Zhao et al.，2019）。决策树的个数（ntree）和随机抽取的因变量个数（mtry）是随机森林算法需设置的两个初始参数。参考已有相似研究对参数的设置（Belgiu and Dragut，2016；Bian et al.，2019），将 ntree 设置为 500，mtry 设置为 3。

模型构建中训练样本的真实放牧强度值来源于 12.3.2 节估算得到的 PGI 值。为了满足模型训练和验证对样本的需求，本章研究在综合考虑样本空间分布的均匀性、随机性以及放牧强度值代表性的基础上，按照 7∶3 的比例将样本划分为训练样本和验证样本。具体来说，首先将 PGI 按照 1 羊单位/hm² 的间隔分层，再采用随机采样的方法在各层内获取 70% 的像元作为训练样本，剩下的像元即验证样本。

12.3.4 放牧强度精度评价

本章研究对放牧强度的验证包括两部分内容：牧场尺度放牧强度（PGI）的验证和区域尺度放牧强度（RGI）的验证。传统统计方法通过统计牧场的面积和存栏量可以得到单个牧场的放牧强度（statistical grazing intensity，SGI），将该值作为真值，并与遥感估测牧场所有像元放牧强度的平均值对比，可以一定程度上判定 PGI 估算结果的可靠性。对于 RGI 的验证，采用了两种方式，一种与 PGI 评估方式相同；另一种以 PGI 为真值，计算 RGI 估算结果的平均绝对误差（mean absolute error，MAE）、均方根误差（root mean square error，RMSE）和决定系数（R^2），用它们来评估 RGI 估算结果的精度。其中，MAE 和 RMSE 的计算公式如下：

$$MAE=\sum_{i=1}^{n}\frac{|M_i - R_i|}{n} \tag{12.4}$$

$$RMSE=\sqrt{\frac{\sum_{i=1}^{n}(M_i - R_i)^2}{n}} \tag{12.5}$$

$$r^2 = \frac{cov(M - R)^2}{var(M)var(R)} \tag{12.6}$$

式中，M_i 为像元 i 的 RGI；R_i 为像元 i 的 PGI；cov（M–R）^{2} 代表 RGI 与 PGI 的协方差；var（M）和 var（R）分别代表 RGI 和 PGI 的方差。

12.4　结　果　分　析

12.4.1　牲畜群移动轨迹及牲畜和牧场识别

利用定位器，获取了 8 个牲畜群 2018 年 7 月 21 日～12 月 9 日逐小时的轨迹数据。图 12.4 展示了牧场#4 牲畜群连续三天逐小时的运动轨迹。从图 12.4 中可以发现，牲畜群基本每天 7 点离开牛圈开始在牧场内自由啃食牧草，傍晚 7 时左右回到牛圈，且每天的行走路线均不同。牲畜群每天啃食牧草约 13 h，其他时段均处于静止状态，因此可用于放牧强度估算的轨迹点每天约有 13 个。

基于人工目视解译方法，从无人机遥感影像中逐一识别各个被监测牧场的围栏位置和牲畜群（图 12.5）。基于解译结果，统计得到各个监测牧场的面积和牲畜群数量（表 12.2）。对比发现，前两次监测中除了个别牧场宰杀了 1～2 头牦牛用于日常饮食外，各牧场牲畜群的数量基本没有变化。第二、第三次监测结果对比发现，有 6 个牧场的牦牛头数存在较大数量的变化，说明该时段有部分成年牦牛已出栏。通过走访相关牧场的牧民，2018 年牲畜出栏的日期集中在 11 月 20 日前

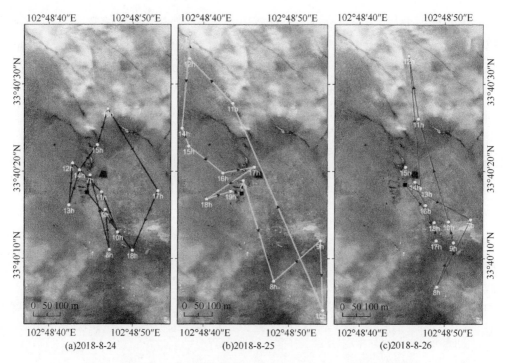

图 12.4　牧场#4 定位器记录的连续三天逐小时的运动轨迹空间分布

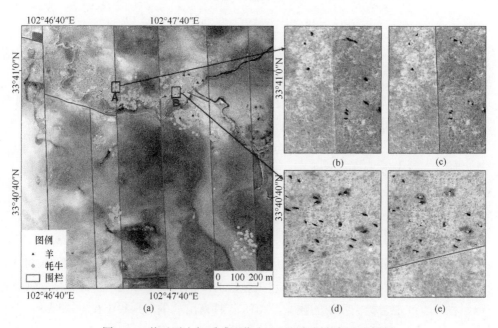

图 12.5　基于无人机遥感影像人工目视解译的牦牛和围栏

后，而本章研究的监测时段为 2018 年 8 月 23 日～11 月 1 日，牲畜群数量的变化对估算结果不产生影响。

基于三个时期实测的牲畜群数量及其活动半径，利用最小二乘法得到如图 12.6 所示的牲畜群数量和活动半径之间的线性回归关系，$y = 0.5031x + 49.217$（R^2=0.9731）。这也充分说明，牲畜群个体之间的相互影响较大，其种群数量和活动半径之间存在比较强的相关关系，也客观验证了本章研究的假设，通过单个牲畜的运动轨迹可以表达整个牲畜群的运动轨迹。

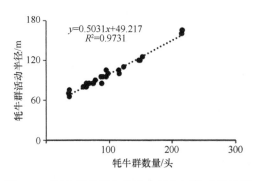

图 12.6　牦牛群数量与活动半径之间的线性关系

12.4.2　牧场尺度放牧强度及精度评估

基于 12.3.2 节所述的估算方法，采用 8 个牧场获取的完整轨迹数据，估算了整个监测期（PGI-PA）和三个子监测时段（PGI-P1、PGI-P2、PGI-P3）的放牧强度。其中，4 个典型牧场（牧场#4、#5、#8、#10）的放牧强度空间分布状况见图 12.7。2018 年 8 月 23 日～9 月 22 日，牲畜群主要在牧场#4 和#5 的夏季牧场放牧 [图 12.7（a1）、图 12.7（b1）]，9 月 22 日～10 月 17 日，牲畜群从夏季牧场向冬季牧场转移 [图 12.7（a2）、图 12.7（b2）]，通过对比 GPS 的轨迹信息和与牧民的交流，确定 10 月初是这两个牧场转场的时间，10 月 17 日～11 月 1 日，牲畜群主要在冬季牧场放牧 [图 12.7（a3）、图 12.7（b3）]。对于牧场#8 和#10，在整个监测期内没有发现明显的牧场转移情况 [图 12.7（c）、图 12.7（d）]。

传统方法得到的放牧强度和本章研究所提出的方法估算的不同时段放牧强度均值的对比如图 12.8 所示。从图 12.8 中可以看出，本章所提出的方法估算的牧场尺度放牧强度与传统统计方法得到的放牧强度非常接近，所有的 R^2 均大于0.95。整体来看，基于本章研究所提出的方法估算的各个时段牧场尺度放牧强度

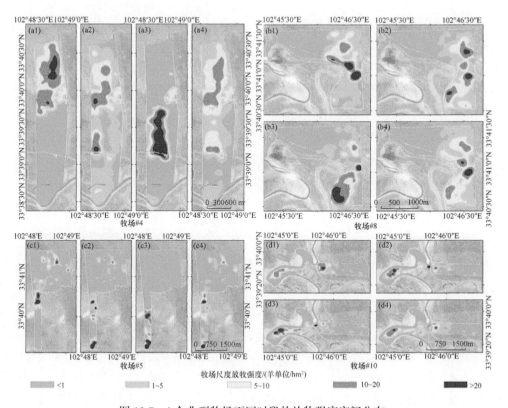

图 12.7　4 个典型牧场不同时段的放牧强度空间分布

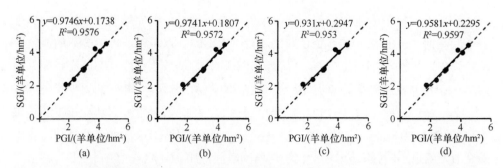

图 12.8　4 个轨迹完整的牧场尺度的放牧强度（PGI）与传统统计方法得到的放牧强度（SGI）的对比

的可靠性高，能够作为区域尺度放牧强度估算的真值。所述方法得到的放牧强度除了统计上可靠外，最大的优势在于能够表达放牧强度在空间上的异质性，从而丰富了传统放牧强度的信息。

12.4.3　区域尺度放牧强度及精度评估

参考 Wang 等（2016）对若尔盖县放牧强度的分级方式，利用本章研究所构建的不同时段区域尺度放牧强度估算模型，得到整个监测期（RGI-PA）以及 3 个子检测时段（RGI-P1、RGI-P2、RGI-P3）的若尔盖县向东村全域的放牧强度数据（图 12.9）。从 RGI-PA 来看，若尔盖县向东村的放牧强度以轻度放牧（1～5 羊单位/hm²）为主，其占比达到 77.30%。但不容忽视的是重度放牧（10～20 羊单位/hm²）在部分区域仍然存在，其比例约为 0.60%。整个监测期，向东村约有 6.65% 的区域放牧强度达到了重度放牧，0.03% 的区域属于极重度放牧情况。分时段来看，

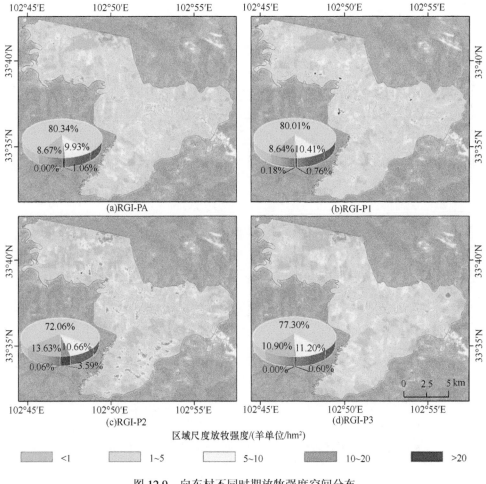

图 12.9　向东村不同时期放牧强度空间分布

RGI-P1（8 月 23 日～9 月 22 日），向东村约有 1.06%的区域属于重度放牧，超过了整个监测期（RGI-PA）重度放牧区域的面积占比。RGI-P2（9 月 22 日～10 月 17 日），重度放牧的比例有轻微下降，该时段部分牧场的牲畜开始从夏牧场向冬牧场转移，牲畜可啃食面积增加，单位面积的放牧强度下降。但不容忽视的是，该时段出现了极重度放牧（>20 羊单位/hm²）状况，其面积占比约 0.18%。RGI-P3（10 月 17 日～11 月 1 日），重度放牧区域面积占比明显增加，其主要与两方面的因素相关：一方面是监测期短，短时期内牲畜频繁啃食某一个区域必然会增加被啃食区域的放牧强度；另一方面，为了保证整个牲畜群在整个冬季均有牧草，该时段牧民大多会人为地限制牲畜在某一个时段集中在某一个小区域放牧，进而造成了被啃食区域放牧强度的增加。

图 12.10 展示了基于训练样本和验证样本的建模精度和预测精度。从建模精度来看，MAE 为 0.5298，R^2 达到了 0.9684，说明基于训练样本构建的模型对所选的输入变量有较好的拟合能力。验证样本未参与模型的训练过程，从预测精度指标来看，RMSE 为 0.01546，MAE 为 0.9301，R^2 为 0.8573。从图 12.10 中也可发现，反演得到的放牧强度信息均存在一定程度的低值区高估和高值区低估的现象。对于低放牧强度区，草地自然生长可能会增加两个时期光谱差值，从而导致对放牧强度的高估。而高放牧强度区，牧草的补偿性生长又会减小两个时期光谱差值。

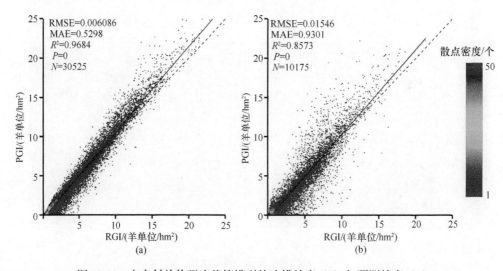

图 12.10　向东村放牧强度估算模型的建模精度（a）与预测精度（b）

图 12.11 展示了各分段监测期的预测精度。整个监测期的各项预测精度指标

RMSE、MAE 和 R^2 均优于分段监测期的预测精度，各分段监测期的预测精度指标相对一致，部分时期可能由于存在物候差异和卫星影像质量的差异带来小波动。整体来看，各分段检测期的 R^2 为 0.7480～0.7858，MAE 为 1.469～1.940。验证结果表明，所构建的估算模型具有时间尺度扩展能力，提高了估算模型的应用价值。

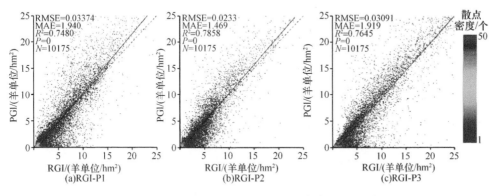

图 12.11　向东村各分段监测期估算模型的预测精度

为了进一步评估 RGI 的估算精度，本章研究对比了 8 个监测牧场的 RGI 平均值和传统统计方法得到的放牧强度，结果如图 12.12 所示。整体来看，监测牧场的 RGI-PA 平均值接近统计上的放牧强度，R^2 为 0.8531，表明所提出的估算方法得到的放牧强度能够反映围栏的真实放牧状况。整个监测期估算的 RGI 的精度优于分段监测期的估算精度。

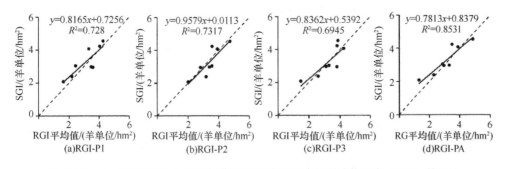

图 12.12　8 个监测牧场 RGI 平均值和传统统计方法得到放牧强度（SGI）的对比

12.5　小　　结

以无人机遥感平台为中间桥梁的星–机–地一体化监测技术，为高原放牧强度监测与定量估算提供了一种方法。本章研究使用定位器完整记录被监测牧场牲畜的运动轨迹数据，并同步开展三次无人机观测试验，利用高空间分辨率的影像服务于牧场牲畜存栏量和牧场面积信息的获取。基于以上数据，利用核密度估计算法建立了牧场尺度放牧强度估算模型，并利用时间序列卫星遥感影像和随机森林回归算法，构建了时间序列放牧强度估算模型，得到空间分辨率为 10 m 的若尔盖县向东村时间序列放牧强度空间分布数据，经验证该数据具有较高的精度。本章研究为获取围栏尺度真实的放牧强度和区域尺度时间序列放牧强度数据提供了新的思路。

无人机遥感在本章研究中的主要作用是获取各监测牧场准确的牲畜存栏量和牧场面积信息，这是牧场尺度放牧强度估算模型构建的关键参数。通常，入户调查是最常用的获取这些参数的方式，但面临准确度不高、费时耗力等问题。考虑到牲畜的大小和围栏的宽度，很难直接从卫星遥感影像中识别牲畜，无人机遥感平台为其提供了新的有效手段。无人机遥感影像具有较高的空间分辨率（< 0.1 m），可以准确识别围栏内的牦牛、绵羊和其他牲畜。同时，无人机的灵活性允许它可以在任何时候获取任何区域的影像，也可以根据任务需求和天气条件灵活调整监测方案和频次。因此，无人机遥感是开展高原放牧强度估算必不可少的技术手段。展望未来，需要不断探索基于无人机遥感的牲畜和围栏自动化识别方法，为商业化地开展放牧强度监测和估算提供支持。

参 考 文 献

马青青, 柴林荣, 马海玲, 等. 2018. 玛曲高寒草甸放牧强度的遥感监测. 草业科学, 35(5): 941-948.

瞿星, 王继燕, 于冰, 等. 2021. 基于地上净初级生产力与地上生物量的若尔盖高原放牧强度遥感监测. 草业科学, 38(3): 544-553.

张正健, 李爱农, 边金虎, 等. 2016. 基于无人机的山地遥感观测平台及可靠性分析——以若尔盖试验为例. 遥感技术与应用, 31(3): 417-429.

Akasbi Z, Oldeland J, Dengler J, et al. 2012. Analysis of GPS trajectories to assess goat grazing pattern and intensity in Southern Morocco. Rangeland Journal, 34(4): 415-427.

Ali I, Cawkwell F, Dwyer E, et al. 2016. Satellite remote sensing of grasslands: From observation to management. Journal of Plant Ecology, 9(6): 649-671.

Barbedo J G A, Koenigkan L V. 2018. Perspectives on the use of unmanned aerial systems to monitor cattle. Outlook on Agriculture, 47(3): 214-222.

Bastin G, Scarth P, Chewings V, et al. 2012. Separating grazing and rainfall effects at regional scale using remote sensing imagery: A dynamic reference-cover method. Remote Sensing of Environment, 121: 443-457.

Belgiu M, Dragut L. 2016. Random forest in remote sensing: A review of applications and future directions. Isprs Journal of Photogrammetry and Remote Sensing, 114: 24-31.

Bian J, Li A, Zuo J, et al. 2019. Estimating 2009-2017 Impervious surface change in gwadar, pakistan using the HJ-1A/B constellation, GF-1/2 data, and the random forest algorithm. Isprs International Journal of Geo-Information, 8(10): 443.

Bradley B A, O'Sullivan M T. 2011. Assessing the short-term impacts of changing grazing regime at the landscape scale with remote sensing. International Journal of Remote Sensing, 32(20): 5797-5813.

Breiman L. 2001. Random forests. Machine Learning, 45(1): 5-32.

Drusch M, Del Bello U, Carlier S, et al. 2012. Sentinel-2: ESA's optical high-resolution mission for GMES operational services. Remote Sensing of Environment, 120: 25-36.

Fan F, Liang C, Tang Y, et al. 2019. Effects and relationships of grazing intensity on multiple ecosystem services in the Inner Mongolian steppe. Science of the Total Environment, 675: 642-650.

Feng X M, Zhao Y S. 2011. Grazing intensity monitoring in Northern China steppe: Integrating century model and MODIS data. Ecological Indicators, 11(1): 175-182.

Gimenez M G, de Jong R, Della Peruta R, et al. 2017. Determination of grassland use intensity based on multi-temporal remote sensing data and ecological indicators. Remote Sensing of Environment, 198: 126-139.

Guo X J, Shao Q Q, Li Y Z, et al. 2018. Application of UAV remote sensing for a population census of large wild herbivores-taking the headwater region of the Yellow River as an example. Remote Sensing, 10(7): 1041.

Gurarie E, Andrews R D, Laidre K L. 2019. A novel method for identifying behavioural changes in animal movement data. Ecology Letters, 12(5): 395-408.

Holechek J L, Hilton de Souza G, Francisco M, et al. 1998. Grazing intensity: Critique and approach. Rangelands, 20(5): 15-18.

Insua J R, Utsumi S A, Basso B. 2019. Estimation of spatial and temporal variability of pasture growth and digestibility in grazing rotations coupling unmanned aerial vehicle (UAV)with crop simulation models. PLoS One, 14(3): e0212773.

Kawamura K, Akiyama T, Yokota H, et al. 2005. Quantifying grazing intensities using geographic information systems and satellite remote sensing in the Xilingol steppe region, Inner Mongolia, China. Agriculture Ecosystems & Environment, 107(1): 83-93.

Kellenberger B, Marcos D, Courty N, et al. 2018. Detecting Animals in Repeated Uav Image Acquisitions by Matching Cnn Activations with Optimal Transport. Valencia, Spain: Igarss 2018-2018 Ieee International Geoscience and Remote Sensing Symposium.

Lei G B, Li A N, Zhang Z J, et al. 2020. The quantitative estimation of grazing intensity on the Zoige Plateau based on the space-air-ground integrated monitoring technology. Remote Sensing, 12(9): 1399.

Li F, Zheng J J, Wang H, et al. 2016. Mapping grazing intensity using remote sensing in the Xilingol steppe region, Inner Mongolia, China. Remote Sensing Letters, 7(4): 328-337.

Ma Q Q, Chai L R, Hou F J, et al. 2019. Quantifying grazing intensity using remote sensing in alpine meadows on Qinghai-Tibetan Plateau. Sustainability, 11(2): 417.

McGranahan D A, Geaumont B, Spiess J W. 2018. Assessment of a livestock GPS collar based on an open-source datalogger informs best practices for logging intensity. Ecology and Evolution, 8(11): 5649-5660.

Numata I, Roberts D A, Chadwick O A, et al. 2007. Characterization of pasture biophysical properties and the impact of grazing intensity using remotely sensed data. Remote Sensing of Environment, 109(3): 314-327.

Rinella M J, Vavra M, Naylor B J, et al. 2011. Estimating influence of stocking regimes on livestock grazing distributions. Ecological Modelling, 222(3): 619-625.

Robinson T P, Wint G R, Conchedda G, et al. 2014. Mapping the global distribution of livestock. PLoS One, 9(5): e96084.

Schieltz J M, Okanga S, Allan B F, et al. 2017. GPS tracking cattle as a monitoring tool for conservation and management. African Journal of Range & Forage Science, 34(3): 173-177.

Sha Z, Brown D G, Xie Y, et al. 2014. Response of spectral vegetation indices to a stocking rate experiment in Inner Mongolia, China. Remote Sensing Letters, 5(10): 912-921.

Shao W, Kawakami R, Yoshihashi R, et al. 2019. Cattle detection and counting in UAV images based on convolutional neural networks. International Journal of Remote Sensing, 41(1): 31-52.

Thomson A G. 1995. Airborne Radiometry and a sheep grazing experiment on dune grassland. International Journal of Remote Sensing, 16(5): 981-988.

Turner L W, Udal M C, Larson B T, et al. 2000. Monitoring cattle behavior and pasture use with GPS and GIS. Canadian Journal of Animal Science, 80(3): 405-413.

Wang J Y, Li A N, Bian J H. 2016. Simulation of the grazing effects on grassland aboveground net primary production using DNDC model combined with time-series remote sensing data-a case study in Zoige Plateau, China. Remote Sensing, 8(3): 168.

Wang J Y, Li A N, Jin H A. 2016. Sensitivity analysis of the DeNitrification and Decomposition model for simulating regional carbon budget at the wetland-grassland area on the Zoige Plateau, China. Journal of Mountain Science, 13(7): 1200-1216.

Xu D D, Koper N, Guo X L. 2018. Quantifying the influences of grazing, climate and their interactions on grasslands using Landsat TM images. Grassland Science, 64(2): 118-127.

Yang X H, Guo X L. 2011. Investigating vegetation biophysical and spectral parameters for detecting light to moderate grazing effects: a case study in mixed grass prairie. Central European Journal of Geosciences, 3(3): 336-348.

Yu L, Zhou L, Liu W, et al. 2010. Using remote sensing and GIS technologies to estimate grass yield and livestock carrying capacity of alpine grasslands in Golog Prefecture, China. Pedosphere, 20(3): 342-351.

Zhao X Z, Yu B L, Liu Y, et al. 2019. Estimation of poverty using random forest regression with multi-source data: A case study in Bangladesh. Remote Sensing, 11(4): 375.

第 13 章

未来发展展望

13.1 平台与载荷

13.1.1 存在的问题

无人机遥感以其机动、灵活、成本低、可获取高时空分辨率数据的优势,已成为资源环境监测领域不可或缺的重要数据源。本书第 1 章系统介绍了生态环境监测领域目前常用的无人机的类型与特点。将目前它们的优、缺点进行概要对比,如表 13.1 所示。其中,固定翼无人机具有飞行速度快、续航时间长、可以携带较重载荷的优势,可以覆盖较广的区域,适用于长距离、大区域监测需求。同时,其也存在需要起降跑道,无法定点拍摄的缺陷。旋翼无人机具有操作简单、机动灵活、无须起降跑道、可悬停飞行的特点,适合于中、小区域监测或特定区域定点拍摄。但其续航能力差、飞行速度有限、载荷能力有限,存在监测范围小、对传感器重量要求高等缺陷。垂直起降固定翼无人机具有飞行速度快、续航时间长、无须起降跑道的优点,适合于中等距离、中等区域监测需求,但也存在悬停飞行不稳定等缺陷。另外,有时生态环境应急监测需要在恶劣气象条件下进行,而目前的无人机在抗风能力上还有待进一步提高。随着机载激光雷达技术的发展,无人机的智能化程度在提高,智能避障无人机开始逐渐在市场出现,提高了无人机在作业时的生存能力,但它们在躲避高压线等线状地物面前还存在不足,需要进一步研究。此外,观测成本也是目前限制无人机应用的一个重要因素。固定翼无人机、垂直起降固定翼无人机售价往往达几十万元,具有商载能力的小型旋翼无人机售价也达几万元。因此,进一步开展无人机模块化设计、应用多样化的销售模式、降低消费者成本也是需要进一步解决的问题。

表 13.1　不同类型无人机平台的优、缺点对比

类型	优点	缺点	适用情景
固定翼无人机	飞行速度快、续航时间长、可以携带较重载荷	无法悬停飞行。需要起降跑道	长距离、大区域监测
旋翼无人机	操作简单、机动灵活、无须起降跑道、可悬停飞行	续航能力差、飞行速度有限、载荷能力有限	中、小区域监测或特定区域定点拍摄
垂直起降固定翼无人机	飞行速度快、续航时间长、无须起降跑道	悬停飞行不稳定	中等距离、中等区域监测

　　人们基于传感器获取地物发射或反射的电磁波信息，通过对电磁波信息进行解析，从而对地物属性进行判定。不同类型传感器获取的电磁波谱段或精细程度不同，造成它们适合在不同情景下进行应用。本书第 2 章系统介绍了不同类型的传感器，它们的特点对比如表 13.2 所示。其中，可见光数码相机比较常见，它具有价格低，类型多样，能获取红、绿、蓝 3 波段信息，便于直观获得多种地物表型参数，适合在植被覆盖度、倒伏、洪涝监测等领域应用。多光谱相机价格适中，可获取地物多个光谱波段的信息，适合多种地物参数信息的反演，可在植被物候、覆盖度、叶面积指数、旱情、生物量、病虫害、产量、洪涝监测等领域应用。高光谱成像仪价格较高，数据处理量大，可获取地物高光谱信息。相对于多光谱传感器，其能提供更精细的光谱特征信息，便于地物参数更准确的反演。高光谱传感器适合在植被物候、覆盖度、叶面积指数、旱情、生物量、病虫害、产量、洪涝监测等领域应用。红外热像仪可获取地物表层温度信息，适合在植被冠层温度、蒸腾、旱情、非法排污监测等领域应用。激光雷达可用于获取地物高度和三维结

表 13.2　不同类型传感器的特点对比

类型	特点	适用情景
可见光数码相机	价格低，类型多样，能获取红、绿、蓝 3 波段信息，便于直观获得多种地物表型参数	植被覆盖度、倒伏、洪涝监测等
多光谱相机	价格适中，可获取地物多个光谱波段信息，适合多种参数信息的反演	植被物候、覆盖度、叶面积指数、旱情、生物量、病虫害、产量、洪涝监测等
高光谱成像仪	价格较高，数据处理量大，可获取地物高光谱信息；相对于多光谱传感器，能提供更精细的光谱特征信息，便于地物参数更准确的反演	植被物候、覆盖度、叶面积指数、旱情、生物量、病虫害、产量、洪涝监测等
红外热像仪	可获取地物表层温度信息	植被冠层温度、蒸腾、旱情、非法排污监测等
激光雷达	价格较高，数据处理量大，能获取丰富的点云信息，适合地物水平和垂直结构参数反演	植被结构参数、地质灾害监测等
合成孔径雷达	价格较高，可全天候监测，对地物介电特性敏感，同时还受到地表粗糙度的影响	洪涝、植被长势、地质灾害监测等

构信息，适合于高度测量和三维建模应用。合成孔径雷达价格较高，可全天候监测，对地物介电特性敏感，同时还受到地表粗糙度的影响，适合在洪涝、植被长势、地质灾害监测等领域应用。针对特定问题，有时需要耦合多种类型的传感器，才能达到准确监测的目的，如作物病虫害监测等。在无人机商载限制的条件下，进一步降低传感器的重量至关重要。另外，每次无人机飞行获得的影像会有成千、上百张，需要对这些数据进行拼接、辐射校正、几何校正才能应用，怎样使得多类型传感器数据具有时空可比性，需要有标准化的数据处理流程以指导数据的预处理，目前在这方面的研究还较缺乏。

13.1.2　发展展望

为解决以上问题，促进无人机遥感进一步在生态环境监测中应用，预计未来无人机及传感器技术将在以下方面发展。

1. 无人机的个性化与智能化

随着工业技术的发展和人们对民用无人机多方面的技术需求增多，未来无人机的研究必将向着个性化、智能化方向发展。例如，开发高风况条件下，无人机实时、精准定位技术与飞行姿态精准控制技术，以增强无人机的飞行控制精度；开展无人机实时智能避让技术研究，以应对飞行过程中的突发障碍物（特别是线状物体），保护机载设备安全；发明多载荷协同观测及增稳云台，以促进无人机多载荷同步观测；研发无人机各部件组件化封装技术，使用户能根据自己的资金、性能需求自主搭建无人机工作平台等。

2. 机载传感器的低成本和轻小型化

传感器是无人机得以推广应用的基础设备之一，只有使用适合无人机的遥感传感器才能获得高质量的遥感信息。从无人机的载重、续航时间及无人机遥感的普及应用方面考虑，开发通用性强、低成本、体积小和质量轻的传感器是无人机传感器发展的重要方向。另外，实现传感器波段可定制，以满足不同个体对光谱信息的个性化需求，将是未来市场发展的趋势之一。

3. 无人机数据采集与处理的标准化

对于基于无人机的遥感监测而言，需要根据任务需求来搭配合适的无人机和传感器，综合考虑无人机飞行速度、商载、稳定性等以及传感器的画质、快门速度、体积、重量等因素，来进行无人机遥感观测平台的搭配。针对生态环境监测的需求，要实现监测流程的业务化实施，实现数据处理自动化、技术流程可复制，必须要有相应的标准规范，以约束监测过程中无人机、传感器的选择，数据获取的时空分辨率，数据处理流程的标准化等。

4. 多源无人机遥感数据的共享与利用

随着无人机遥感设备与技术的普及，目前出现了大量的重复监测作业与数据，但是已有监测数据资源难以共享，浪费了大量人力、物力、资金等资源，因此亟须构建无人机遥感数据共享机制与平台。例如，由政府与石油工业联合搭建溢油无人机遥感监测数据云平台，对于市面上不同传感器数据采集处理制定相对统一的标准，在溢油应急指挥过程中实现多平台、多传感器、多源数据共享，形成综合性监测数据平台，能够更加及时准确地掌握事故现场情况以及溢油量，确定应急处置方案，从而提升溢油应急工作效率。

13.2 应用场景与监测方法

13.2.1 存在的问题

对于无人机遥感在生态环境中的应用，除了需要选用具有针对性的无人机平台及传感器等硬件外，还需要匹配相应的监测流程与数据分析算法。本书通过举例子的方式，在第3～第12章分别对无人机遥感在水域、土地、作物、植被、动物等方面的应用进行阐述。其中，第3章主要面向洪涝灾害应用，阐述了无人机组网遥感观测技术、洪涝水体以及受灾体（道路等）自动提取技术和灾情自动评估技术；第4章主要面向河湖富营养化监测，阐述了相关流程、布点方式、无人机数据获取与预处理、水体叶绿素a反演模型构建等技术流程；第5章面向盐碱地监测需求，阐述了一种融合无人机遥感纹理信息和卫星遥感光谱信息的监测方法，有效提高了盐碱地的监测精度；第6章面向作物长势监测，阐述了分别基于无人机激光雷达点云、光学影像点云反演小麦生物量的方法；第 7 章面向作物倒伏监测，阐述了基于无人机光学影像与深度学习方法监测小麦倒伏的技术流程与方法；第 8 章面向作物种植密度监测，阐述了基于无人机可见光影像与深度学习方法，结合利用热力图估测小麦种植密度的方法；第 9 章面向森林冠层覆盖度制图，阐述了耦合无人机可见光影像点云数据与光谱数据排除背景信息干扰，估测森林覆盖度的技术流程与方法；第 10 章面向森林虫害监测，阐述了基于无人机光学影像数据耦合光谱信息、纹理信息等特征估测森林松材线虫病的方法；第 11 章面向野生动物调查，阐述了基于无人机可见光影像和深度学习方法监测藏野驴的方法；第 12 章面向高原放牧强度监测，阐述了一种耦合星–机–地多平台遥感技术反演草原放牧强度的技术流程与方法。

以上研究案例很好地推动了无人机遥感在生态环境中的应用。但现有生态环境无人机遥感监测研究还多以单要素监测为主，如水体富营养化主要监测水体中的叶绿素 a、作物长势监测主要依靠光谱特征等。单要素监测提供的信息不够全面，多数情况下不能满足后期综合决策、施策要求。以水体富营养化监测为例，水体富营养化形成过程涉及包括营养盐来源及通量、水体温度、透明度、营养盐浓度等在内一系列要素，目前水体富营养化无人机遥感监测案例只是监测了水体富营养化后的水体表现（叶绿素 a 增加），如果融入营养盐来源、水体环境等要素的综合观测，将为水体富营养化预警、防治提供更全面有效的信息支撑。再以作物长势监测为例，传统的卫星遥感与无人机遥感多以监测植被光谱特征为主，但当植被覆盖度很高时，植被易出现光谱饱和现象。如果融入基于空间点云结构信息来探测的作物长势结构差异，就可以更精准地获取作物长势空间信息，为农田精准管理提供可靠保障。因此，在充分明确需求的前提下，还需要围绕无人机遥感开展综合监测，包括空天地一体化、多无人机平台多载荷等技术手段。

13.2.2　发展展望

为解决以上问题，在无人机遥感应用场景及方法方面，预计未来将在以下几方面发展。

1. 无人机多传感器数据融合技术

不同类型传感器的价格、技术特征及作用各异。开展基于无人机平台的多载荷协同观测及相关数据融合处理技术，对于高效反演地物信息、协助生态环境精准管理具有重要意义，将是今后基于无人机对地观测的重要发展方向。

2. 不同监测平台数据的融合与应用

基于无人机开展生态环境监测具有机动、灵活、分辨率高、可实现面状监测等优势，但它只是信息获取的一种手段，在应用中也存在一定的局限性，如与卫星遥感相比，监测区域有限；与地面物联网传感器技术相比，其受"同物异谱，异物同谱"的影响，有时监测精度不高。因此，要实现大面积生态环境问题的准确监测，需要耦合无人机监测数据与地面传感器网络监测数据、卫星遥感数据来开展综合分析，以为后期精准管理提供更好的服务。

3. 普适性遥感反演算法

现有无人机遥感在生态环境中的应用，其算法多基于遥感数据本身，且多采用机器学习等统计分析的方法，缺少机理模型与统计分析模型耦合建模应用。另外，由于"同物异谱，异物同谱"的影响，有时单纯依靠遥感数据在反演地表参数时，会有必不可少的误差，综合参考先验知识、地学规律来基于分区、分类、分级的思想构建普适性遥感反演算法势在必行。

4. 数据分析流程的标准化

与无人机遥感数据获取与预处理一样，要实现无人机生态环境应用的普及化，需要根据实际应用需求，制定标准化的数据处理分析流程，实现不同时间、不同人群获取的分析结果具有时空可比性，形成标准规范以指导业务化运行。

综上，无人机遥感技术在生态环境领域监测方面的应用尚处于起步阶段，但是需求旺盛、发展迅速。无人机遥感以其成本低、快速、灵活、实时等特点，有效地弥补了传统监测方法和卫星遥感监测方法的不足。随着无人机遥感技术的快速发展及应用领域深度与宽度的拓展，无人机遥感的理论与方法研究、技术与装备开发、产业升级、应用拓展必然前景广阔。